数学建模

——基于北太天元软件

李　剑　主编

国防工业出版社

·北京·

内容简介

本书以最新推出的北太天元数值计算通用软件为基础，详细介绍了各种常见数值计算方法、数学建模算法及其基于北太天元软件的实现，是北太天元数学建模算法的综合性参考书。

全书以北太天元软件功能和数学建模有关数值计算问题为主线，结合各种应用实例，详细讲解了数学建模常见问题的北太天元软件实现。全书分为9章，详细介绍了北太天元概述、北太天元数据及基本运算、北太天元流程控制和函数、北太天元数值计算、数据分析与多项式计算、基于北太天元的运筹优化、北太天元数值微分与积分、常见数学建模问题应用、数据可视化等。

本书以解决数学建模常见问题为目标，内容深入浅出，讲解循序渐进，既可以作为高等院校理工科相关专业本科生、研究生的数学建模通识课教材，也可以作为广大科研工程技术人员的参考书。

图书在版编目（CIP）数据

数学建模：基于北太天元软件 / 李剑主编．
北京：国防工业出版社，2025. 1. -- ISBN 978-7-118
-13510-7

Ⅰ. O141.4

中国国家版本馆 CIP 数据核字第 2025TP2444 号

※

国防工業出版社出版发行

（北京市海淀区紫竹院南路 23 号　邮政编码 100048）

三河市天利华印刷装订有限公司印刷

新华书店经售

*

开本 787×1092　1/16　印张 11½　字数 196 千字

2025 年 1 月第 1 版第 1 次印刷　印数 1—3000 册　定价 68.00 元

国防书店：（010）88540777　书店传真：（010）88540776
发行业务：（010）88540717　发行传真：（010）88540762

序

在本书尚未成形之际，便得作者之邀，为之作序，我深感荣幸并满怀感激之情，当即欣然应允。该书以北太天元软件为平台，以数学建模为载体，深入浅出地阐述了北太天元软件在数模中的应用。数学建模受众之广，无疑将为北太天元软件的普及与推广铺设坚实的基石。作为这款软件的开发者之一，我深知任何以此软件为核心或辅助工具的著作，都是对北太天元项目莫大的支持与肯定。

尤为令我赞叹的是，作者不仅以惊人的效率完成了书稿的撰写，还对其进行了详尽细致的校对，其执行力之强，令人钦佩。数学建模，作为连接“冰冷”的数学理论与现实的桥梁，其重要性不言而喻。回望历史，物理学无疑是数学建模最为辉煌的成就之一，它以其精妙的数学模型解释了客观自然界的万千现象，并预测了未知领域的规律。数学建模正是这样一种艺术，它要求我们以严谨的逻辑思维为舵，以丰富的数学方法为帆，辅以计算机和合适的软件工具，驶向探索未知的海洋。

当今建模数据量越来越大，模型也越来越复杂，计算机及高效软件成为我们不可或缺的助手。然而，近年来国际环境的变化，使得某些曾广泛使用的国外软件对我国用户设限，并且很有可能扩大化，这对我国数学建模方面人才培养和产业应用构成了严重的威胁。本书适时地以北太天元作为替代工具，不仅为广大学者提供了安全可靠的建模平台，更为我国在数学建模领域的自主发展奠定了坚实的基础。

本书内容平实而不失深度，讲解详尽且易于理解，对于初学者而言应该很有帮助。同时，北太天元软件的开发团队也将为学习者提供细致周到的服务，北太天元软件的开发者和使用者社区也有很多的热心人为学习者提供全方位的支持与帮助。我相信，在本书的引领下，修习本书的朋友在知识、技术和学习人脉上都会更上层楼。

在此，我衷心祝愿每一位读者都能在学习的道路上收获满满，享受探索的乐趣。同时，也期待本书能够成为连接北太天元软件与广大用户的桥梁，共同推动我国数学建模事业的蓬勃发展。愿本书大卖，更愿知识的光芒照亮每一个求知的心灵！

李若

2024 年 10 月　于北京大学

前　言

北太天元数值计算通用软件（BeitaiTianyuan Numerical Computation Software，以下简称“北太天元”），是在北京大学、北京大学大数据分析与应用技术国家工程实验室、北京大学重庆大数据研究院的共同支持下，由北京大学重庆大数据研究院基础软件科学研究中心-数值计算实验室，突破关键核心技术，独立自主研发的国产通用型科学计算软件。

北太天元是面向科学计算与工程计算的软件。该软件具有自主知识产权，提供科学计算、可视化、交互式程序设计，具备强大的底层数学函数库，支持数值计算、数据分析、数据可视化、数据优化、算法开发等工作，并通过 SDK 与 API 接口，扩展支持各类学科与行业场景，为各领域科学家与工程师提供优质、可靠的科学计算环境。

本书以北太天元为基础，详细介绍了各种常见数值计算方法、数学建模算法及其基于北太天元的实现，是一种基于北太天元的数学建模算法的综合性参考书。

1. 本书特点

（1）由浅入深，循序渐进。本书以入门读者为对象，首先介绍国产软件北太天元，此后在介绍数学建模主流方法同时给出北太天元的算法描述和源代码，不仅使读者很好地理解北太天元软件的技术特点，更有利于读者对数学建模知识的学习。

（2）步骤详尽、内容新颖。本书结合作者多年的数学建模相关算法使用经验与实际应用案例，将数值算法的原理及其北太天元的实现方法与技巧详细地讲解给读者。本书在讲解过程中步骤详尽、内容新颖，基于北太天元给出相关方法的算法和源代码，利于读者自学和快速上手学习。

（3）实例典型，轻松易学。通过学习实际应用案例的具体操作是掌握基于北太天元进行数学建模相关算法设计的最好方式。本书通过综合应用案例，透彻详尽地讲解了北太天元在数学建模各方面的应用。

2. 本书内容

本书基于北太天元 3.0.0 版本，讲解数学建模相关数值算法的实现。全书以北太天元功能中与数学建模有关的数值计算问题为主线，结合各种应用实例，详细讲解了数学建模常见问题的软件实现。全书分为 9 章，详细介绍了北太天元概述、北太天元数据及基本运算、北太天元流程控制和函数、北太天元数值计算、数据分析与多项式计算、基于北太天元的运筹优化、北太天元数值微分与积分、常见数学建模问题应用、数据可视化等内容。

3. 读者对象

本书以解决数学建模常见问题为目标，内容深入浅出，讲解循序渐进，既可以作为高等院校理工科相关专业本科生、研究生的数学建模通识课教材，也可以作为广大科研工程技术人员的参考用书。

4. 本书作者

本书由李剑主编，参与编写的有张洲平、周利斌、杨文杰、王三五、独盟盟、张会。

由于编者水平有限，书中不妥之处在所难免，望各位读者不吝赐教。

希望本书能为读者的学习和工作提供帮助。

编者

2024 年 10 月

目　　录

第 1 章　北太天元概述

本章主要介绍北太天元的主要功能、安装启动，以及相关基本界面基础操作等，对北太天元进行总体概括。

1.1　北太天元简介

北太天元数值计算通用软件（BeitaiTianyuan Numerical Computation Software，以下简称“北太天元”），是在北京大学、北京大学大数据分析与应用技术国家工程实验室、北京大学重庆大数据研究院的共同支持下，由北京大学重庆大数据研究院基础软件科学研究中心-数值计算实验室，突破关键核心技术，独立自主研发的国产通用型科学计算软件。

北太天元是面向科学计算与工程计算的软件。本软件具有自主知识产权，提供科学计算、可视化、交互式程序设计，具备强大的底层数学函数库，支持数值计算、数据分析、数据可视化、数据优化、算法开发等工作，并通过 SDK 与 API 接口，扩展支持各类学科与行业场景，为各领域科学家与工程师提供优质、可靠的科学计算环境。在适配方面，除主流软硬件环境外，北太天元已完成对国产 CPU 龙芯、飞腾及国产操作系统统信 Deepin、UOS 的适配，可通过加载插件即插即用，从而进一步扩展计算能力，此外，用户还可轻松获取丰富的官方插件和社区共享的插件扩展相应的功能。

北太天元具有从零开始自主研发的解释器。解释器将更底层的算法、数学符号与运算，转换为计算机语言进行代码执行，使得工业软件底层计算内容翻译为可执行的方程求解。穿透底层的可扩展设计提供了全面的建模能力，提供所有应用领域问题的数学表达，第三方建模仿真软件可以自然接入，获取北太天元强大的底层计算能力。

1.2　北太天元主要功能

北太天元是一套功能强大的工程计算软件，提供科学计算、可视化、交互式程序设计，具备强大的底层数学函数库，支持数值计算、数据分析、数据可视化、数据优化、开发算法等工作，并通过 SDK 与 API 接口，扩展支持各类学科与行业场景，为各领域科学家与工程师提供优质、可靠的科学计算环境。

1.2.1　开发算法和应用程序

北太天元语言不仅是一种面向科学与工程计算的高级编程语言，也是一种可采用数学表达式的矩阵语言，允许用数学形式的语言编写程序，其特点是简洁、高效，符合科研工作者与工程设计人员等相关用户对数学表达式的书写格式，有利于非计算机专业用户使用，适合向量化编程，可移植性高、可拓展性强，配备独立自主的解释器和调试器，具有提示友好、运行高效、支持跨平台等优点。

北太天元语言支持向量和矩阵运算，这些运算是解决工程和科学问题的基础，可以使开发和运行的速度非常快。使用北太天元语言，编程和开发算法的速度较使用传统语言大大提高，这是因为无须执行诸如声明变量、指定数据类型以及分配内存等低级管理任务。在很多情况下，北太天元无须使用 for 循环，因此，一行北太天元代码经常等效于几行 C 或 C++代码。同时，北太天元还提供了传统编程语言的所有功能，包括算法运算符、流控制、数据结构、数据类型、面向对象编程以及调试功能等。

1.2.2 分析和访问数据

北太天元对数据分析提供了良好的支持，如提供了矩阵分析、数值计算、曲线拟合等函数用于数据分析和运算。对于数据访问，北太天元主要支持 MAT、XLSX、XLS、CSV、TXT 文件的访问。

1.2.3 数据可视化

北太天元包含二维和三维绘图函数，具有强大的数据可视化功能，且具有结果输出为各种常见图像格式的功能。可以通过添加多个坐标轴来更改线条颜色和大小，添加批注，绘制图像形状，以及对图像进行自定义。

1.2.4 数值计算

北太天元包含了大部分常用的数学函数，其中有以下类型的函数，用于进行数学运算和数据分析。

- 矩阵操作和线性代数
- 多项式以及插值
- 傅里叶分析和筛选
- 数据分析和统计
- 优化和数值积分
- 常微分方程（ODE）
- 稀疏矩阵运算

北太天元的数据类型主要包括矩阵、向量、数字、字符串、单元型数据及结构型数据。矩阵是数值计算通用软件语言中最基本的数据类型，从本质上讲它是数组。向量可以看作只有一行或一列的矩阵（或数组）；数字也可以看作矩阵，即一行一列的矩阵；字符串也可以看作矩阵（或数组），即字符矩阵（或数组）；而单元型数据和结构型数据都可以看作以任意形式的数组为元素的多维数组，只不过结构型数据的元素具有属性名。

1.3　北太天元的安装和启动

1.3.1　北太天元的安装

本节主要介绍北太天元在 Windows 平台和 Linux 平台上的安装步骤。

1. Windows 平台

以在 Windows 10 下安装北太天元 3.0.0 版本为例。

（1）下载北太天元安装包，如图 1-1 所示。

（2）双击打开安装包应用程序进入“安装程序”对话框，如图 1-2 所示，单击“下一步”按钮。

图 1-1　北太天元安装包

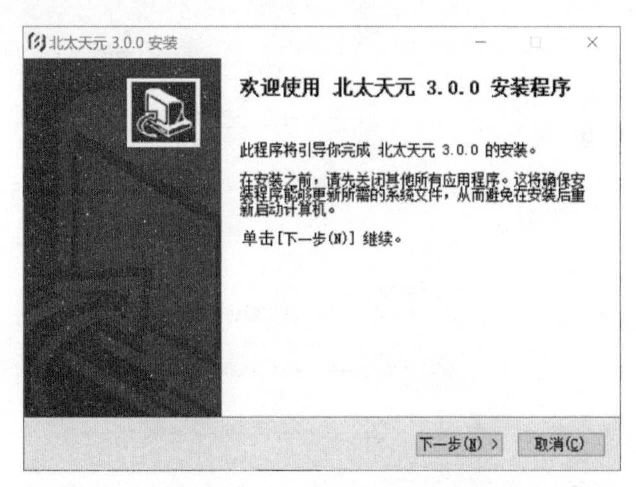

图 1-2　“安装程序”对话框

（3）进入“许可证协议”对话框，如图 1-3 所示，单击“我接受”按钮。

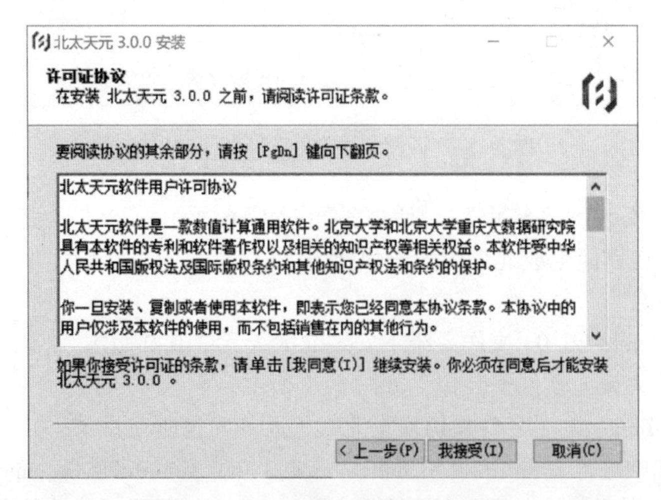

图 1-3　“软件许可协议”对话框

（4）进入“选择安装位置”对话框，如图1-4所示，程序安装默认路径为C:\baltamatica，也可以选择其他路径进行安装。配置好安装路径后，单击“下一步”按钮。

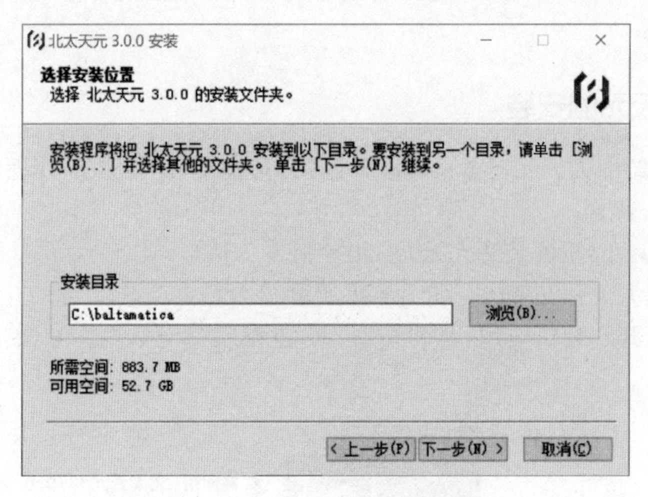

图1-4 “选择安装位置”对话框

（5）进入“选择开始菜单文件夹”对话框，如图1-5所示，单击“安装”按钮。

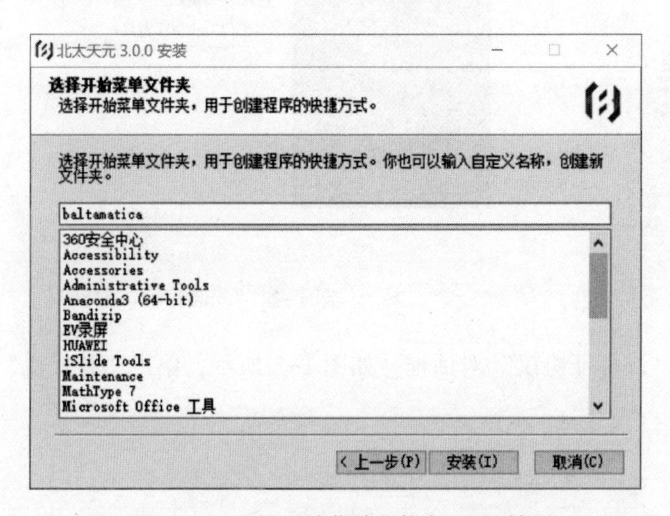

图1-5 “选择开始菜单文件夹”对话框

（6）进入“安装程序结束”对话框，如图1-6所示，单击“完成”按钮完成安装，安装完成会在桌面生成北太天元的快捷方式。

2. Linux平台

下面以在Ubuntu 20.04操作系统下安装北太天元3.0.0版本为例。

（1）下载北太天元软件安装包，如图1-7所示。

（2）打开Ubuntu终端窗口并切换至北太天元deb包所在目录。

（3）在终端中输入sudo dpkg -i baltamatica_3.0.0_ubuntu20.04_amd64__1_.deb。

（4）安装完成后，在终端中直接输入baltamatica.sh即可启动软件。

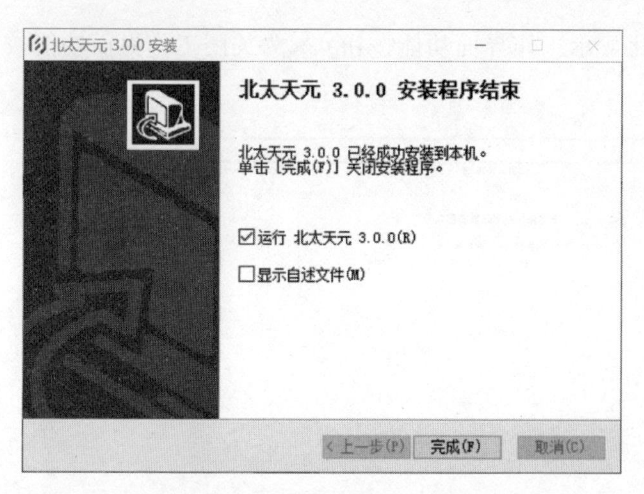

图 1-6　“安装程序结束”对话框

图 1-7　北太天元 deb 安装包

1. 3. 2　北太天元的启动

可在 Windows 系统下双击快捷方式启动北太天元，也可在 Linux 终端输入 baltamatica. sh 启动北太天元。在命令行界面中输入“exit”或“quit”命令，或按快捷键 Alt+F4，或在界面右上角标题栏中单击✕按钮，可退出软件。

1. 3. 3　Desktop 操作界面简介

1. UI 界面

北太天元安装完毕后，启动软件，即会看到软件的主页面，如图 1-8 所示，主要由菜单栏、工具栏、地址导航栏窗口、脚本编辑器窗口、命令行窗口和工作区窗口等组成。

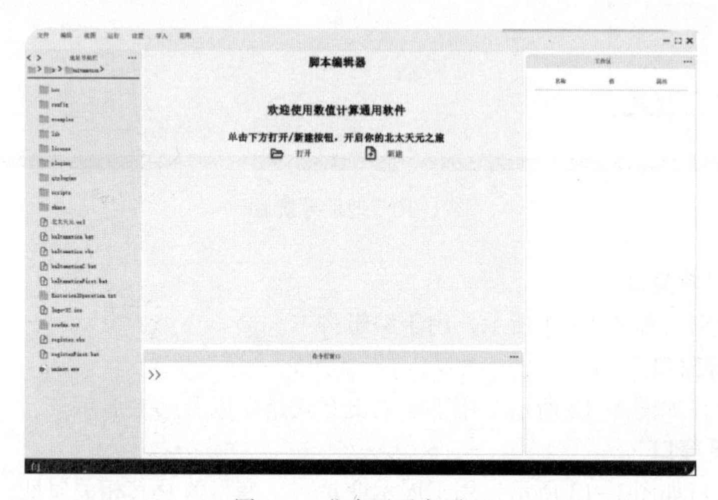

图 1-8　北太天元主页面

2. 标题栏和菜单栏

在标题栏中，右侧的 3 个按钮用于控制工作界面的显示。其中，━为最小化显示工作界面功能按钮，⛶为最大化显示工作界面功能按钮，×为关闭工作界面功能按钮，如图 1-9 所示。

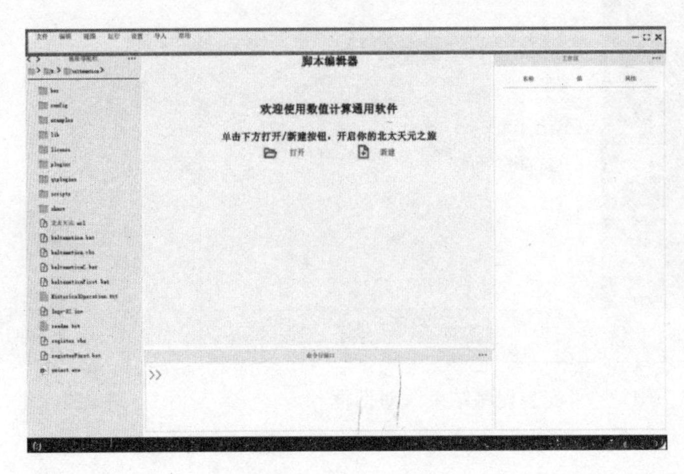

图 1-9　菜单栏（左）和标题栏（右）

3. 地址导航栏

地址导航栏如图 1-10 所示。

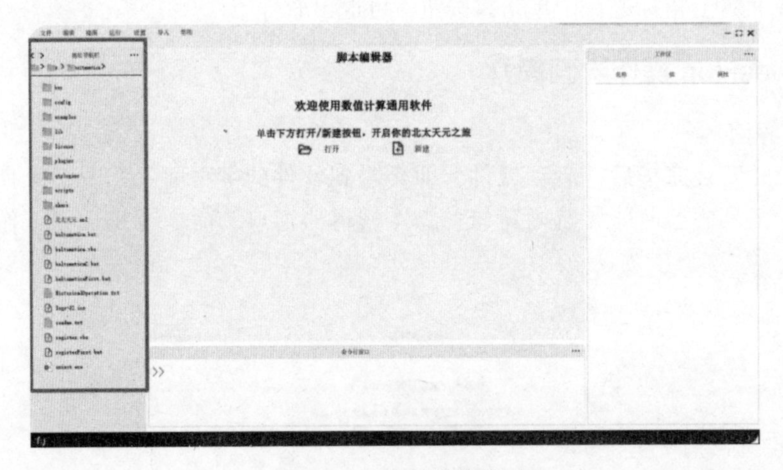

图 1-10　地址导航栏

4. 脚本编辑窗口

脚本编辑窗口如图 1-11 所示，用于编辑脚本。

5. 命令行窗口

命令行窗口如图 1-12 所示，用于输入交互式指令以及结果展示。

6. 工作区窗口

工作区窗口如图 1-13 所示，用于展示变量名、变量值及其相关属性。

7. 地址导航栏

工具栏如图 1-14 所示，用于对文件和脚本的操作。

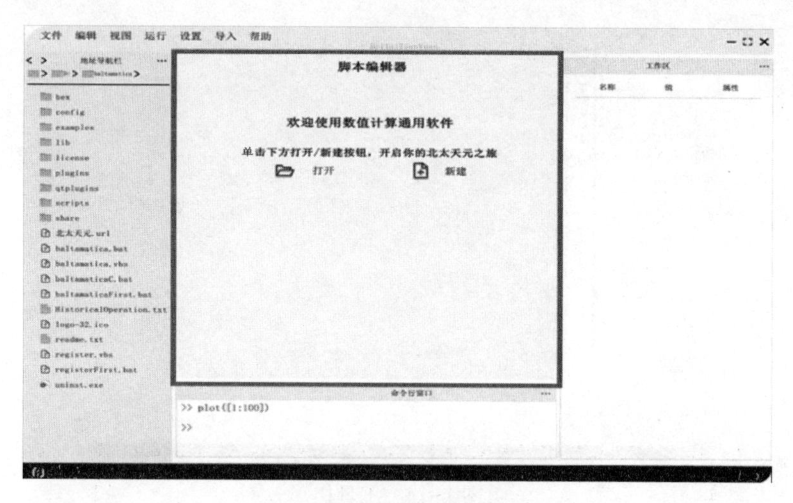

图 1-11　脚本编辑窗口

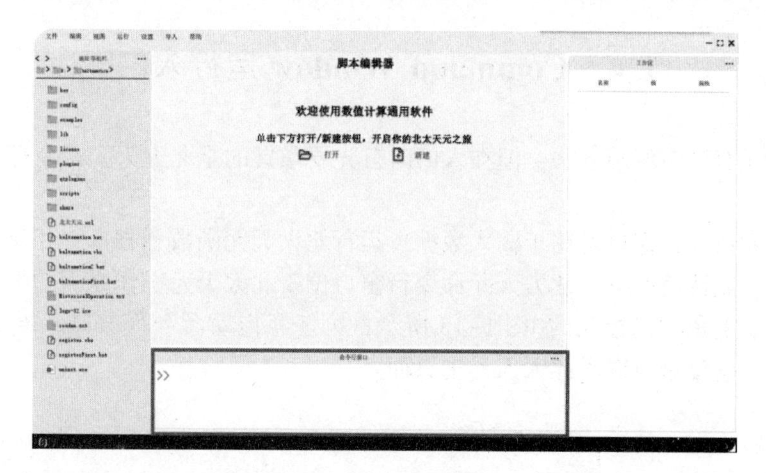

图 1-12　命令行窗口

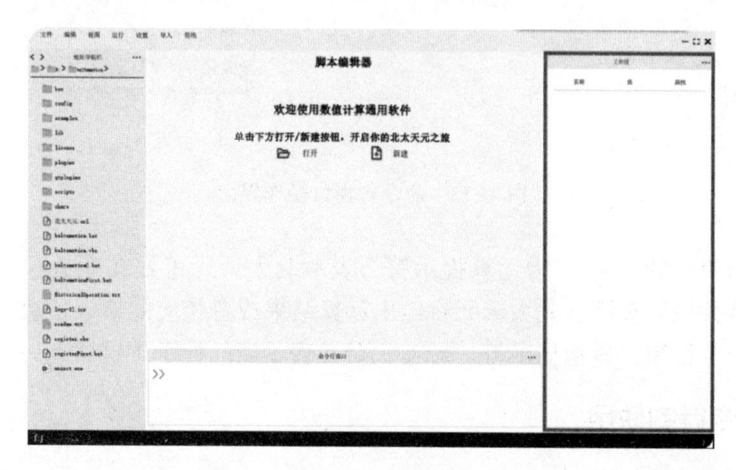

图 1-13　工作区

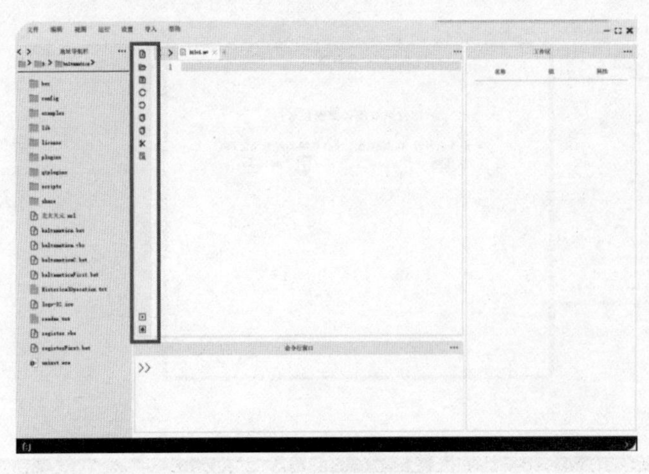

图 1-14　工具栏

1.4　Command Window 运行入门

北太天元有许多使用方法，但在入门时首先要掌握的是北太天元命令行窗口的使用方法。

北太天元命令行窗口是用于输入数据，运行北太天元函数和脚本，并显示结果的主要工具之一。默认情况下，北太天元命令行窗口位于北太天元操作界面的中下部。单击命令行窗口右上角“悬浮”，如图 1-15 所示，可任意拖动命令行窗口。单击“停靠”，即可使命令行窗口重新嵌入北太天元主页面。

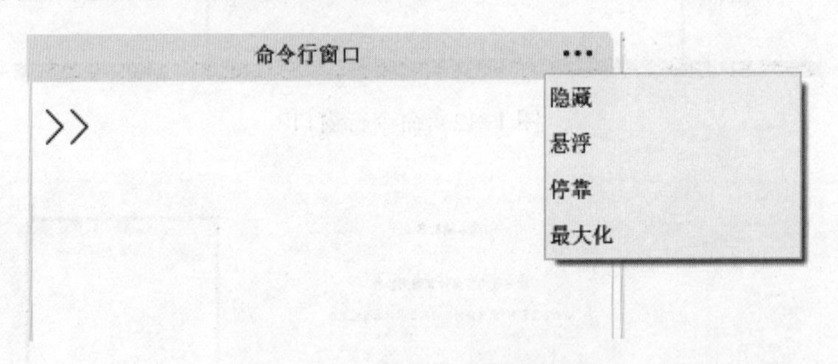

图 1-15　命令行窗口操作界面

命令行窗口中的“>>”为运算提示符，表示北太天元正处在准备状态。在提示符后面输入命令并按回车键，北太天元将给出计算结果或者相应的错误信息，然后进入准备状态。当命令行窗口显示提示符“K>>”时，表示当前处于调试状态。

1.4.1　命令行的使用

【例 1-1】 矩阵输入示例。

在命令行窗口输入如下命令：

```
>> A=[1 2;3 4]
```

按回车键，即可运行相应的指令，并完成数据的输入，得到如下结果。

```
>>A =
    1    2
    3    4
```

【例 1-2】基本运算示例。

在命令行窗口输入如下命令：

```
>> 41 * 10-(2+3)^2/2
```

按回车键，北太天元会根据运算符优先顺序进行计算，得到运算结果。

```
ans =
   397.5000
```

【例 1-3】绘图示例。

在命令行窗口输入如下命令：

```
>> x=linspace(-2 * pi,2 * pi);
>> y=sin(x);
>>plot(x,y)
```

该段代码的功能是绘制正弦函数图，其中 x 的区间为[-2 * pi,2 * pi]，按回车键后，会自动执行脚本代码，执行结果如图 1-16 所示。

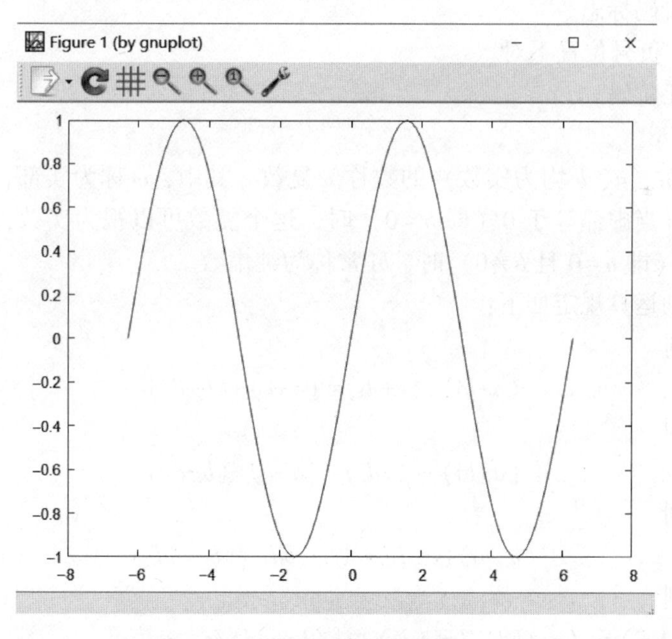

图 1-16　程序执行结果

1.4.2　数值和变量

本小节主要对变量相关规定进行介绍。

1. 数值类型

1）整型

整型数据是不包含小数部分的数值型数据，用字母 I 表示。整型数据用来表示整数，以二进制形式存储。下面介绍整型数据的分类。

- char：字符型数据，属于整型数据的一种，占用 1 字节。
- int32：有符号整型数据，属于整型数据的一种，占用 4 字节。
- int64：有符号整型数据，属于整型数据的一种，占用 8 字节。

2）浮点型

浮点型数据采用十进制，有两种形式，即十进制数形式和指数形式。

- 十进制数形式：由数字 0~9 和小数点组成，如 0.1、.45、0.19、3.212、300、-267.8230。
- 指数形式：由十进制数加阶码标志“e”或“E”以及阶码（只能为整数，可以带符号）组成。其一般形式为 aEn，其中，a 为十进制数，n 为十进制整数，表示的值为 $a\times10^n$。例如，5.56E5 等于 556000。

下面介绍常见的不合法的浮点型变量：

- 345：无小数点。
- E7：阶码标志 E 之前无数字。
- -5：无阶码标志。
- 53.-E3：负号位置不对。
- 2.7E：无阶码。

3）复数类型

把形如 $a+b$i（a、b 均为实数）的数称为复数。其中，a 称为实部，b 称为虚部，i 称为虚数单位。当虚部等于 0（即 $b=0$）时，这个复数可以视为实数；当虚部不等于 0、实部等于 0（即 $a=0$ 且 $b\neq0$）时，bi 常称为纯虚数。

复数的四则运算规定如下：

- 加法法则

$$(a+b\mathrm{i})+(c+d\mathrm{i})=(a+c)+(b+d)\mathrm{i}$$

- 减法法则

$$(a+b\mathrm{i})-(c+d\mathrm{i})=(a-c)+(b-d)\mathrm{i}$$

- 乘法法则

$$(a+b\mathrm{i})(c+d\mathrm{i})=(ac-bd)+(bc+ad)\mathrm{i}$$

- 除法法则

$$(a+b\mathrm{i})/(c+d\mathrm{i})=[(ac+bd)/(c^2+d^2)]+[(bc-ad)/(c^2+d^2)]\mathrm{i}$$

【例 1-4】 复数的显示。

```
>> a=1+3i
a =
   1.0+ 3.0000i
>> real(a)                                %复数实部
ans =
```

```
    1
>> imag(a)                         %复数虚部
ans =
    3
>> angle(a)                        %复数相位角
ans =
    1.2490
```

上述实例中，real 给出复数实部，imag 给出复数虚部，angle 给出复数相位角（弧度为单位）。

2. 变量

变量是任何程序设计语言的基本元素之一，北太天元语言也不例外。与常规的程序设计语言不同的是，北太天元并不要求事先对所使用的变量进行声明，也不需要指定变量类型，北太天元语言会自动依据所赋予变量的值或对变量所进行的操作来识别变量的类型。在赋值过程中，如果原有变量已存在，那么新值会覆盖旧值。在北太天元中，变量的命名应遵循如下规则：

（1）变量名必须以字母、下画线及汉字开头，之后可以是任意字母、数字、汉字或下画线。

（2）变量名区分字母的大小写，如 AA 与 aa 代表的是两个不同的变量。

（3）变量名长度并无限制，但为了程序可读性的需要以及编写方便，变量名不宜过长。

与其他的程序设计语言相同，在北太天元语言中也存在变量作用域的问题。在未加特殊说明的情况下，北太天元语言将所识别的一切变量视为局部变量，即仅在其使用的 M 文件内有效。若要将变量定义为全局变量，则应当对变量进行声明，即在该变量前加关键字 global。一般来说，全局变量均用大写的英文字母表示。

3. 北太天元默认的预定义变量

北太天元语言本身拥有一些预定义的变量，这些特殊的变量称为常量。表 1-1 给出了数值计算通用软件语言中经常使用的一些常量。

表 1-1　北太天元中的常量

常量名称	说　明
ans	北太天元的默认变量
pi	圆周率
e	自然常数
eps	浮点运算的相对精度
inf	无穷大
NaN	不定值，如 0/0
i，j	复数中的虚数单位
realmin	最小正浮点数
realmax	最大正浮点数

【例 1-5】显示自然常数 e。

本示例演示显示自然常数 e 的默认值。

```
>> e
ans =
    2.7183
```

1.4.3 命令行的特殊输入方法

在北太天元中，有些特殊情况需要使用一些小“技巧”才能够正确输入。本节介绍相关的内容。

1. 在同一行内输入多个命令

在多个函数之间加入逗号或者分号将各个函数分开，即可实现在同一行内输入多个命令。例如，可以在一行之内定义 3 个变量。

【例 1-6】同一行内定义多个变量。

```
>> a=[1:5];c=3;a=a*c
```

结果为：

```
a =
   3    6    9   12   15
```

在上述命令行中，同一行内多个函数按照从左至右的顺序依次被执行。

2. 长命令行的分行输入

在某行命令过长的情况下，将其分行输入则会更加方便阅读。可以用 3 个句点“…”作为标识符，然后按回车键，输入其余命令。“…”表示下一行命令和本行其实是连续的。然后可以继续用此方法输入，或者按回车键运行之前的命令。例如，可以使用以下命令对一个字符串数组进行赋值。

【例 1-7】长命令行分行输入。

```
>> papers=["Author name","published year",...
>> "Journal name"]
papers =
      "Author name"     "publish year"     "Journal name"
```

需要指出的是：标识符“…”如果出现在单引号引用的字符串中，那么北太天元会将其视为字符串拼接输入。如下所示：

```
>> papers=['Author name','Published year',...
>> 'Journal name']
papers =
      'Author namePublished yearJournal name'
```

1.4.4 Command Window 的显示格式

北太天元有多种显示格式，但在存储和计算中采用双精度浮点型形式。在默认情况下，若数据为整数，就以整数表示；若数据为实数，则以保留小数点后 4 位的精度近似表示。用户可以自行设置数字显示格式。其控制数字显示格式的命令是 format，其调用格式如表 1-2 所列。

表 1-2　format 调用格式

调用格式	说　明
format short	（默认）短格式，显示小数点后 4 位
format long	长格式，显示小数点后 15 位（双精度）或 7 位（单精度）
format short e	短格式科学记数法，显示小数点后 4 位
format long e	长格式科学记数法，显示小数点后 15 位（双精度）或 7 位（单精度）
format short g	短格式灵活形式，自动选择普通形式或科学记数法，总共显示 5 位
format long g	长格式灵活形式，自动选择普通形式或科学记数法，总共显示 15 位
format hex	16 进制输出
format bank	货币格式。显示小数点后两位
format rational	有理数格式。分子或分母较大时用 * 符号代替
format compact	不显示空行，使得输出更加紧凑
format loose	（默认）输出中加入空行增强可读性

1.4.5　命令行窗口的常用快捷键与命令

为了方便用户快速使用，表 1-3 列出了北太天元常用的快捷键说明。表 1-4 列出了在命令行中常用的一些操作命令。

表 1-3　常用快捷键

快 捷 键	具体功能
↑	调出前一个输入的命令
↓	调出后一个输入的命令
←	光标左移一个字符
→	光标右移一个字符
Ctrl+	光标左移一个单词
Ctrl+	光标右移一个单词
Del	清除光标所在位置后面的字符
Backspace	清除光标所在位置前面的字符
Ctrl+c	中断正在执行的命令

表 1-4　一些常用的操作命令

命　令	含　义
cd	设置当前目录
clf	清除图形窗口
clc	清除命令窗口的显示内容
clear	清除工作区中变量
dir	列出指定目录下的文件和子目录清单
whos	显示工作空间中的所有变量信息
exit/quit	退出软件

1.5 Current Folder 窗口

北太天元默认从安装目录加载，地址导航栏显示当前路径，用户可通过工具栏中的更改当前路径。对于地址导航栏，可进行隐藏、悬浮、停靠等操作，用户可根据自己的习惯进行调整，如图 1-17 所示。

图 1-17　地址导航栏操作

1.6 Workspace 和 Variable Editor 窗口

1.6.1 Workspace 窗口

北太天元是一套功能强大的工程计算软件，对于数据的处理是必不可少的，因此，必须有一个专门的内存管理空间——北太天元工作区。工作区窗口如图 1-18 所示，其中显示目前内存中所有的北太天元变量的变量名、数据结构、字节数以及类型。用户可查看变量名、变量类型和值，工作区内的变量可以随时被调用。此外，工作区的位置可以随时拖动，也可设置悬浮、隐藏和停靠。

1.6.2 Variable Editor 窗口

双击工作区中的变量名，或右击变量后选择“打开”命令，可以打开变量编辑窗口，如图 1-19 所示，可以对其中的数据进行各种编辑操作。

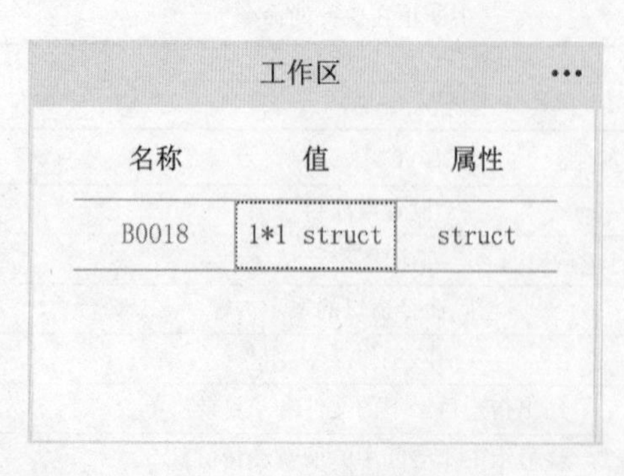

图 1-18　工作区窗口

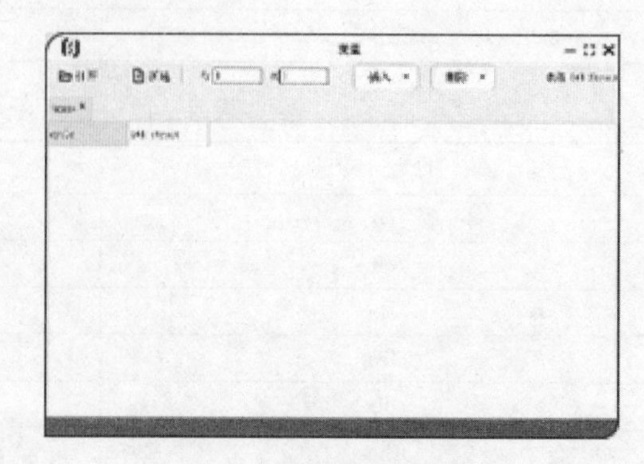

图 1-19　变量编辑窗口

1.7　命令行辅助功能

北太天元为了方便初学者的学习，加入了 Tab 键辅助功能，帮助用户在命令行窗口中查询、输入函数。

北太天元可以帮助用户完成已知命令的输入，这样用户就可以减少拼写错误，并减少查询帮助和其他书籍的时间。北太天元可以帮助用户完成以下内容的输入：在当前目录下或者搜索路径中的函数或者模型；文件名和目录；工作区中的变量名。

用户要做的就是输入函数或者对象的前几个字母，然后按 Tab 键。在北太天元编辑器中也可以使用 Tab 键完成输入。下面举例说明在命令行中如何使用 Tab 键完成输入。

如果工作区中有变量 correct_num，那么在命令行中只需要输入：

```
>> correct
```

然后按 Tab 键，会弹出“提示框”，根据提示选择要调用的变量或函数名即可自动完成变量名的输入，显示为：

```
>> correct_num
```

如果在变量空间中还有一个变量 correct_string，那么在输入 correct 并按 Tab 键之后，则会出现两个候选提示，此时使用上下键移动光标选中变量后按回车键或者单击变量名即可完成输入，如图 1-20 所示。

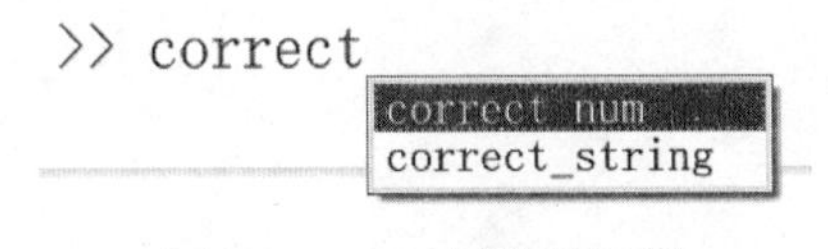

图 1-20　Tab 键使用示例

1.8　帮助系统

对于任何一位北太天元的使用者，都必须学会使用北太天元的帮助系统，因为北太天元中包含了大量的指令，每个指令函数都对应着一种不同的操作或者算法，没有哪个人能够将这些指令都清楚地记忆在脑海中，而且北太天元的帮助系统是针对北太天元应用的最好的教科书，讲解清晰、透彻，所以养成良好的使用北太天元帮助系统的习惯是非常必要的。用户可以在命令窗口下使用 help 命令查询帮助。

1. 使用 help 获取帮助

在命令行窗口输入 help 命令，可以显示当前帮助系统中所包含的所有项目，主要包含内核提供的命令、脚本提供的命令、插件提供的命令，如图 1-21 所示。

2. 使用 help 获得指令帮助

在北太天元中，可以直接使用 help 获得指令的使用说明。比如想要准确地知道所要指令的使用方式，那么使用 help +“指令名”是获得在线帮助的最简单有效的方式。如使用 size 的在线求助，可在命令行窗口输入 help size，输出结果如图 1-22 所示。

```
命令行窗口
>> help
请使用如下关键词获取帮助:

[*] 内核提供的命令:
Chi  Ci  Ei_3  Inf  NaN  Realmax  Realmin  Shi  Si  abs  acos  acosh  acot
acoth  acsc  acsch  addpath  airy  airyzero  all  and  angle  any  asec  asech  asin
asinh  atan  atan2  atanh  atanint  besselh  besseli  besselj  besseljzero  besselk  bessely  beta
betainc  betaln  binop_add binop_mul binop_sub blanks  blkdiag  block  brace_get brace_set cast  cd  ceil
cell  cell2struct celldisp  char  chol  choose  class  clausen  clc  clear  clear_global  coeff
col  colon  complex  cond  conicalP  conicalP_cyl_reg  conicalP_sph_reg  conj  convertStringsToChars
corrcoef  cos  cosh  cot  coth  cov  cross  csc  csch  csvread  ctranspose  cummax
cummin  cumprod  cumsum  dawson  dbast  dbbreaks  dbclear  dbcond  dbcont  dbcontinue  dbdown  dbexit
dbframe  dblist  dbload  dbnext  dboff  dbon  dbquit  dbstack  dbstep  dbstop  dbtype  dbup  deblank
debug  debug_off debug_on  debye  det  diag  diff  dilog  dir  discard  disp  disusing
disusing_script  dot  double  e  eig  ellint_D  ellint_E  ellint_F  ellint_P  ellint_RC  ellint_RD  ellint_RF
ellint_RJ  ellipP  ellipj  ellipke  eps  eq  erf  erf_Q  erf_Z  erfc  erfcinv  erfinv  error
eta  eval  exist  exp  expint  expint_Ei  expm1  eye  fact  false  fclose  fermi_dirac_half
fermi_dirac_inc0  fermi_dirac_int  ferror  feval  fieldnames  fileparts  find  fix  floor  fopen
format  fprintf  frewind  fscanf  fseek  ftell  full  gamma  gammaln  gammastar  gdoc  ge
gegenpoly getfield  global  gt  hazard  help  hermite  hermite_deriv  hermite_func  hermite_func_deriv
hermite_func_series hermite_func_zero  hermite_prob  hermite_prob_deriv hermite_prob_series hermite_prob_zero
hermite_series  hermite_zero  horzcat  hyperg_0F1  hyperg_1F1  hyperg_2F0  hyperg_2F1
hyperg_2F1_renorm hyperg_U  hzeta  i  imag  ind2sub  inf  input  int32  int64  inv
is_plugin_function  isa  isbanded  iscell  iscellstr  ischar  isdiag  isempty  isequal  isfield  isfinite  isfloat
ishermitian  isinf  isletter  islogical  ismember ismissing  isnan  isnumeric  isreal  isscalar  isspace  issparse
isstring  isstruct  issymmetric  istril  istriu  isvector  j  join  kron  laguerre  lambert_w
ldivide  ldl  le  legendre  legendre_H3d  length  linspace  list_plugins  lnchoose  lnfact  lnpoch
load  load_plugin  log  log10  log1p  log2  logical  logspace  lower  ls  lt  lu
magic  mathieu_McMs  mathieu_ab  mathieu_sece  max  mean  median  meshgrid  min  mldivide
```

图 1-21 help 命令输出结果

```
命令行窗口
>> help size

size 矩阵的大小

Y = size(A)
其中Y=[M, N]为行向量，M为A的行数，N为A的列数

[M, N] = size(A)
M和N作为两个独立的参数输出

M = size(A, DIM)
返回由标量DIM指定的维度的长度。
例如，size(A, 1)返回行数。
如果DIM>NDIMS(A)，M将为1。

当 A 不是矩阵类型时，总是返回 1。

示例:
  如果
    X = rand(2,3);
  则
    d = size(X)        返回 d = [2 3]
    [m,n] = size(X)     返回 m = 2, n = 3
    n = size(X,2)      返回 n = 3

>>|
```

图 1-22 help size 指令输出结果

第 2 章　北太天元数据及基本运算

北太天元为用户提供多种数据类型，以便在不同的情况下使用。用户可以建立浮点型或者整型的矩阵和数组、字符和字符串、逻辑值 ture 或者 false、函数句柄、结构体（struct）、元胞（cell）数组等。北太天元共有 17 种基本数据类型，可以用矩阵或者数组的形式来表示任何一种数据类型。

2.1　北太天元的数值数据及操作

2.1.1　数值数据

北太天元中的数值型包括有符号的整数、单精度和双精度浮点数。默认情况下，北太天元存储数据使用的是双精度浮点数。用户不可以更改默认的数据类型和精度，但可以选择用整数或者单精度浮点数来存储数组或矩阵。相比双精度浮点数，整数和单精度浮点数能更高效地利用内存。

所有的数值型数组或矩阵都支持比如数组的重构等基本的操作。除 int64 外的所有数据型，都可以使用数学运算符。

例如：

```
>> a=1:10
a =
   1    2    3    4    5    6  7    8    9   10
>> b = [1,2,3;4,5,6;7,8,9]
b =
   1  2  3
   4  5  6
   7  8  9
```

2.1.2　数据的输出格式

北太天元用十进制数表示一个常数，具体可采用日常记数法和科学记数法两种表示方法。例如，3. 14159、-9. 359i、3+5i 是采用日常记数法表示的常数，与通常的数学表示一样；1. 78029e2、6. 732E2i、1234e-3-5i 是采用科学记数法表示的常数，字母 e 或 E 表示以 10 为底的指数。

默认情况下，北太天元存储数据使用的是双精度浮点数。数据输出时，用户可以用 format 命令设置或改变数据输出格式。format 格式符决定数据的输出格式，各种格式符及其含义如表 2-1 所示。

表 2-1　一些常用的操作命令

操作命令	说　明
short	输出小数点后 4 位，最多不超过 7 位有效数字。对于大于 1000 的实数，用 5 位有效数字的科学记数形式输出
long	15 位有效数字形式输出
short e	5 位有效数字的科学记数形式输出
long e	15 位有效数字的科学记数形式输出
short g	从 short 和 short e 中自动选择最佳输出方式
long g	从 long 和 long e 中自动选择最佳输出方式
hex	十六进制表示
bank	银行格式，用元、角、分表示
compact	输出变量之间没有空行
loose	输出变量之间有空行

这里需要注意的是，format 命令只影响数据输出格式，不影响数据的计算和存储。如果 format 命令后面不加格式符，则回到默认输出格式。默认的输出格式是 short 格式。

假定输入以下命令：

```
>> x=4/3
```

那么，在不同格式符下的输出结果如下。

(1) 短格式 (short)：1.3333。

(2) 短格式 e 方式 (short e)：1.3333e+00。

(3) 长格式 (long)：1.333333333333333。

(4) 长格式 e 方式 (long e)：1.333333333333333e+00。

```
>> format hex
>> 18
ans =
    00000012
```

注意，hex 输出格式是把计算机内部表示的数据用十六进制数输出。对于整数不难理解，但对于单精度或双精度浮点数（MATLAB 默认的数据类型）就涉及数据在计算机内部的表示形式。

2.2　北太天元的变量及操作

在北太天元中，赋值语句有以下两种格式：

(1) 变量=表达式。

(2) 表达式。

表达式是用运算符将有关运算量连接起来的式子。第一种形式的赋值语句执行时，北太天元将右边表达式的值赋给左边的变量；而第二种形式的赋值语句执行时，将表达式的值赋给北太天元的预定义变量 ans。

一般地，运算结果在命令行窗口中显示。如果在语句的最后加分号，那么，北太天元仅执行赋值操作，不显示运算的结果。当运算的结果是一个很大的矩阵或根本不需要运算结果时，可以在语句的最后加上分号。

【例 2-1】输入赋值语句的示例。

```
>> x=sqrt(5)-2i;
>> y=exp(pi/2);
>> z=(7+cos(43 * pi/180))/(1+abs(x-y))
z =
     1.8149
```

命令中的 pi 和 i 都是北太天元预先定义的变量，分别代表圆周率和虚数单位。

2.3　北太天元的矩阵

在北太天元中，数据最基本的表示形式是数组和矩阵。一般情况下，矩阵指二维矩形数组。特殊情况下，作为标量的单一元素、只有单行或单列的向量等也可以当作矩阵，分别表示 1×1 矩阵、1×n 矩阵或 m×1 矩阵。对于刚接触此软件的初学者，建议将所有的情况都考虑为矩阵，这样使用起来更方便。相比一次只能处理一个元素的其他数值计算语言，北太天元通过矩阵来操作数据，处理数据的方式更简单、灵活和高效。

2.3.1　创建矩阵

在北太天元中，有直接和间接两种方式创建矩阵，下面做具体介绍。

1. 创建简单矩阵

由于北太天元是基于矩阵来进行计算的，所以用户输入的所有数据都将以矩阵的方式存储，即使是标量数据，也会以矩阵的方式进行存储。

【例 2-2】输入单个标量的示例。

```
>>clear          %清除工作区中所有的变量
>>B=520;         %输入数值 B
>>whos           %查看工作区中所存储的变量信息
当前工作区变量信息如下：
变量名：B
基本信息：1x1 double
```

在例 2-2 中，变量 B 的存储格式为：1×1 的矩阵，数据类型是双精度浮点数。在北太天元中，默认生成的数据类型为双精度浮点数。

在北太天元中，创建矩阵最简单快捷的方式是使用方括号。如果想创建一个行向量，只需要在方括号中输入以逗号或空格分隔的元素即可。

```
>>A=[e1,e2,…,en];
>>A=[e1 e2 … en];
```

例如，创建一个含有 7 个元素的行向量或者列向量，可命令如例 2-3 所示。

【例 2-3】创建行/列向量。

```
>>A=[1,2,3,4,5,6,7];
```

```
>>B=A';
>>whos
```

当前工作区变量信息如下：

变量名：B

基本信息：7×1 double

变量名：A

基本信息：1×7double

A 是一个行向量，B 是一个列向量，它们均包含 7 个元素，且都为双精度浮点数。

【例 2-4】 创建 1~30 的以 3 为步长的向量。

在北太天元中，可以通过“起始值：步长：结束值”的方式创建向量。在命令窗口输入：

```
>>n=1:3:30
```

按回车键执行命令，窗口显示为：

```
>> n =
    1    4    7   10   13   16   19   22   25   28
```

值得注意的是：步长只能是正数、负数或者小数。如果不指定步长，那么默认步长为 1。当步长为负数时，若起始值小于结束值，则结果为空数组。

```
>>a=1:-3:30
a =
  1x0 empty double
>>a=30:-3:1
a =
  30   27   24   21   18   15   12    9    6    3
```

在北太天元中，以分号作为列的分隔符：

```
>>A=[row1;row2;…;rown]
```

【例 2-5】 创建一个 3 行 5 列的矩阵。

```
>>A=[1,2,3,4,5;6,7,8,9,10;11,12,13,14,15]
A =
     1     2     3     4     5
     6     7     8     9    10
    11    12    13    14    15
```

值得注意的是：在矩阵输入的过程中，矩阵每行中的元素个数必须保持一致。

方括号标识符只能用于二维矩阵的创建，如 0×0、1×1、1×n、m×n 等。在构建一个带符号数值的矩阵时，符号需紧挨着数值，二者之间不能有空格。下面将举例说明。

【例 2-6】 矩阵中带符号的数值输入示例。

下例说明，符号与数值之间存在空格并不会影响计算的结果。

```
>>7 -5 +3
ans =
   5
```

```
>> 7- 5 + 3
ans =
    5
```

但是，在矩阵的输入过程中，若符号与数值之间存在空格，那么得到的结果是不一致的。初学者在这里一定要注意，以避免出现计算结果错误的情况。

```
>> [7- 5 + 3]
    5
>>[7 -5 +3]
    7   -5   3
```

2. 创建特殊矩阵

北太天元中有很多可以用来创建不同类型的特殊矩阵的函数，如创建魔方矩阵和范德蒙德矩阵的函数。表 2-2 中列出了一些常用的创建特殊矩阵的函数。

表 2-2　常用创建特殊矩阵的函数

函数名称	函数功能	函数名称	函数功能
zeros	生成全 0 矩阵	magic	生成魔方矩阵
diag	生成对角矩阵	rand	随机均匀分布矩阵
ones	生成全 1 矩阵	randn	生成正态分布矩阵
eye	生成单位矩阵	randperm	生成指定整数元素随机矩阵

【例 2-7】特殊矩阵创建示例。

```
>> ones(3)              %创建所有元素为 1 的 3×3 矩阵
ans =
    1   1   1
    1   1   1
    1   1   1
>> eye(4)               %创建 4×4 的单位矩阵
ans =
    1   0   0   0
    0   1   0   0
    0   0   1   0
    0   0   0   1
```

注：ones(n)和 ones(n,n)，eye(n)和 eye(n,n)是一样的。

```
>> rand(3,2)            %创建 3×2 的随机数矩阵
ans =
    0.7805     0.1434
    0.1183     0.9447
    0.6399     0.5218
>> randperm(6)          %创建由 1:6 构成的随机数列
ans =
```

```
1  4  2  3  5  6
```

注意：随机函数每次运行会返回不同的结果。

3. 矩阵的合并

矩阵的合并是指将两个及其以上的矩阵合并构成新矩阵。矩阵标识符方括号除了可以用来创建矩阵，还能用于矩阵的合并。

表达式 F=[B C]指将矩阵 B 和矩阵 C 在水平方向上进行合并，而表达式 F=[B;C]则表示将矩阵 B 和矩阵 C 在竖直方向上进行合并。

【例 2-8】 求矩阵 B 和矩阵 C 在竖直方向和水平方向上合并得到的矩阵 F。

```
>>B=rand(3);
>>C=eye(3);
>>F=[B C]
F =
    0.4562    0.6176    0.9437    1.0000    0.0000    0.0000
    0.5684    0.6121    0.6818    0.0000    1.0000    0.0000
    0.0188    0.6169    0.3595    0.0000    0.0000    1.0000
>>F=[B;C]
F =
    0.4562    0.6176    0.9437
    0.5684    0.6121    0.6818
    0.0188    0.6169    0.3595
    1.0000    0.0000    0.0000
    0.0000    1.0000    0.0000
    0.0000    0.0000    1.0000
```

值得注意的是：在矩阵的合并过程中，要保证合并的若干个矩阵的行的维度或者列的维度一致，并且新矩阵是矩形，才能实现合并，否则北太天元将会报错。也就是说，在水平方向上合并矩阵时，合并前矩阵的行数必须相同；在竖直方向上合并矩阵时，合并前矩阵的列数必须相同。

```
>>B=rand(3);
>>C=eye(5);
>>F=[B C]
错误：您输入的第 3 列附近，矩阵行数不同，不能左右并置。
```

2.3.2 引用矩阵元素

在矩阵创建完毕后，我们经常需要访问矩阵中的某个或者某些元素，另外可能还需要对其中的某些元素进行重新赋值操作。本节将介绍如何进行矩阵元素的寻访与赋值。

标识和寻访矩阵元素有 3 种方式：全下标标识、单下标标识以及逻辑 1 标识。

1. 全下标标识

在寻访矩阵元素时，通常采用的方式是全下标标识，即根据某一元素所在的行列数进行标识。这种方式的几何概念清楚，表达式简单，方便使用。在北太天元的矩阵元素寻访和赋值中最常用的就是这种方式。

对于一个二维矩阵，全下标标识实际上由行下标及列下标组成，如 B(2,3) 指矩阵 B 的第 2 行第 3 列的元素。

2. 单下标标识

单下标标识指仅用一个下标来指明元素在矩阵中的位置。虽然在北太天元中矩阵是最基本的计算单元，在呈现上与二维数组的形式类似，但是在实际的存储上，矩阵的元素并不是以二维数据的形式存储，而是以一维数组的形式存储到内存中（实际结构为：将二维矩阵的所有列，按从左至右的次序首尾相连形成一维长列），在此基础上对矩阵元素的索引编号就是单下标标识。

单下标标识与全下标标识的转换关系如下：以 $m \times n$ 的二维矩阵 B 为例，若全下标的元素位置是“第 i 行，第 j 列”，那么相应的单下标则为 c=(j-1)*m+i。

在北太天元中，以下的两个函数可以实现全下标标识和单下标标识的转换。

sub2ind：根据全下标标识换算出单下标标识。

ind2sub：根据单下标标识换算出全下标标识。

【例 2-9】 在 3×3 矩阵中指定行下标和列下标，将下标转换为线性索引。

```
>> row=[1 2 3 1];
>>col=[2 2 2 3];
>>sz=[3 3];
>>ind = sub2ind(sz,row,col)
ind =
   4   5   6   7
```

3. 逻辑 1 标识

逻辑 1 标识用来寻找矩阵中大于或小于某值的元素。逻辑 1 标识是指用一个与需要寻访的矩阵同维度的逻辑矩阵来对矩阵进行寻访。逻辑矩阵中每一个 true 值表示寻访矩阵对应位置上的一个元素。

在上述介绍的方式中，逻辑 1 标识利用了生成的逻辑矩阵，天然支持同时寻访多个元素；若想利用全下标标识或单下标标识同时寻访多个元素，除了可以使用向量作为寻访地址外，还可以使用冒号来寻访，具体的使用方式将在下述例子中举例说明。

【例 2-10】 矩阵的寻访。

```
>>A=[1 2 3; 4 5 6; 7 8 9];          %创建测试矩阵
>>a=A(2,2)                          %全下标寻访
    5
>>b=A(5)                            %单下标寻访
    5
>> B=A>5                            %返回逻辑下标
B =
     0   0   0
     0   0   1
     1   1   1
```

```
>> c=A(B)                                    %逻辑下标寻访
     7
     8
     6
     9
>>d=A(:,2)                                   %用冒号寻访某列元素
     2
     5
     8
>>e=A(2,:)                                   %用冒号寻访某行元素
     4    5    6
>>f=A(:)                                     %单下标寻访
     1
     4
     7
     2
     5
     8
     3
     6
     9
>>g=A(:,[2:3])                               %寻访地址可为变量,可同时寻访多个
元素
     2    3
     5    6
     8    9
```

在了解完矩阵的寻访方式后，对矩阵中的特定元素进行赋值也就变得简单了。接下来将举例说明。

【例 2-11】 二维矩阵的赋值。

```
>>A=magic(4)
A =
     1    14    15     4
     8    11    10     5
    12     7     6     9
    13     2     3    16
>> A(2,3)=100
A =
     1    14    15     4
     8    11   100     5
```

```
    12    7    6    9
    13    2    3   16
>>A(2,:)=0
A =
     1   14   15    4
     0    0    0    0
    12    7    6    9
    13    2    3   16
>>A(14)=-14
A =
     1   14   15    4
     0    0    0  -14
    12    7    6    9
    13    2    3   16
```

2.4　北太天元的运算

北太天元中的运算包括算术运算、关系运算和逻辑运算。这3种运算可以分别使用，也可以在同一运算式中出现。当在同一运算式中同时出现两种或两种以上运算符时，运算的优先级排列如下：算术运算符优先级最高，其次是关系运算符，最低级别是逻辑运算符。

2.4.1　算术运算

北太天元的算术运算符有加、减、乘、除、点乘、点除等，其运算法则如表2-3所示。

表2-3　北太天元中的算术运算符及运算法则

算术运算符	运算法则	算术运算符	运算法则
A+B	A与B相加 （A、B为数值或矩阵）	A-B	A与B相减 （A、B为数值或矩阵）
A*B	A与B相乘 （A、B为数值或矩阵）	A.*B	A与B相应元素相乘 （A、B为相同维度的矩阵）
A/B	A与B相除 （A、B为数值或矩阵）	A./B	A与B相应元素相除 （A、B为相同维度的矩阵）
A^B	A的B次幂 （A、B为数值或矩阵）	A.^B	A的每个元素的B次幂 （A为矩阵，B为数值）

【例2-12】算术运算示例。

```
>>A=eye(3)
A =
   1   0   0
```

```
    0  1  0
    0  0  1
>>B=ones(3)
B =
    1  1  1
    1  1  1
    1  1  1
>>C=A*B                  %矩阵 A 与 B 相乘
C =
    1  1  1
    1  1  1
    1  1  1
>>D=A.*B                 %矩阵 A 与 B 的每个元素分别相乘
D =
    1  0  0
    0  1  0
    0  0  1
```

2.4.2 关系运算

北太天元的关系运算符如表 2-4 所示。

表 2-4　北太天元的关系运算符

关系运算符	说　明	关系运算符	说　明
<	小于	<=	小于或等于
>	大于	>=	大于或等于
==	等于	~=	不等于

这里需要注意“=”和“==”的区别：“==”的运算法则是比较两个变量，当它们相等时返回 1，当它们不相等时返回 0；而“=”则用来将运算结果赋给一个变量。

关系运算符可以用来对两个数值、两个数组、两个矩阵或两个字符串等数据类型进行比较，同样也可以进行不同数据类型的两个数据之间的比较。比较的方式根据所比较的两个数据类型的不同而不同。例如在对矩阵和一个标量进行比较时，需将矩阵中的每个元素与标量进行比较。关系运算符通过比较对应的元素，产生一个仅包含 1 和 0 的数值或矩阵。其元素代表的意义如下：

（1）返回值为 1，比较结果是真。

（2）返回值为 0，比较结果是假。

【例 2-13】 关系运算实例。

```
>> a=[-1 0 2];
>> b=[1 -3 2];
>> a<b
```

```
ans =
   1   0   0
>> a>b
ans =
   0   1   0
>> a<=b
ans =
   1   0   1
>> a>=b
ans =
   1   0   1
>> a==b
ans =
   0   1   1
>>a~=b
ans =
   1   1   0
```

2.4.3 逻辑运算

逻辑数据类型就是仅具有 true 和 false 两个数值的一种数据类型。一般来说，逻辑"真"用 1 表示，逻辑"假"用 0 表示。在北太天元的逻辑运算中，任何数值都可以参与逻辑运算，北太天元将所有的非零值看作逻辑"真"，将零值看作逻辑"假"。和一般的数值型类似，逻辑类型的数据只能通过数值型转换，或者使用特殊的函数生成相应类型的数组或矩阵。

创建逻辑类型矩阵或者数组的函数主要包含以下 3 个：

（1）logical 函数。可将任意类型的数组转换成逻辑类型数组。其中非零元素为"真"，零元素则为"假"。

（2）true 函数。产生全逻辑真值数组。

（3）false 函数。产生全逻辑假值数组。

【例 2-14】 利用函数建立逻辑类型数组示例。

```
>> a=~eye(3,3)*3                        %产生单位矩阵
a =
         0   3   3
         3   0   3
         3   3   0
>> b=logical(a)                         %计算逻辑型矩阵 b
b =
         0   1   1
         1   0   1
```

```
        1   1   0
>> c=true(size(a))                              %产生全为 true 的矩阵
c =
        1   1   1
        1   1   1
        1   1   1
>> d=false(size(a))                             %产生全为 false 的矩阵
d =
        0   0   0
        0   0   0
        0   0   0
>> whos                                         %查看现有的变量与数据类型
当前工作区变量信息如下：
变量名：c
基本信息：3×3 logical
变量名：b
基本信息：3×3 logical
变量名：d
基本信息：3×3 logical
变量名：a
基本信息：3×3 double
变量名：ans
基本信息：1×2 double
```

逻辑运算符提供了一种组合或否定关系表达式。北太天元的逻辑运算符如表 2-5 所示。

表 2-5　北太天元逻辑运算符

运算符或函数	说　　明	运算符或函数	说　　明
&	元素“与”操作	&&	具有短路作用的逻辑“与”操作，仅能处理标量
|	元素“或”操作	||	具有短路作用的逻辑“或”操作，仅能处理标量
~	逻辑“非”操作	xor	逻辑“异或”操作
any	当向量中的元素有非零元素时，返回真	all	当向量中的元素都是非零元素时，返回真

所谓具有短路作用是指：在进行 && 或 || 运算时，若参与运算的变量有多个，当 && 左边表达式为 false 时，直接判断整个 && 运算结果为 false，&& 右边不再进行计算；或当 || 左边表达式为 true 时，直接判断整个 || 运算结果为 true，|| 右边不再进行计算。例如 a&&b&&c&&d，若 a、b、c、d 等 4 个变量中前面的变量例如 a 为 false，则后面 3 个都不再被处理，运算结束，并返回运算结果 false。

关系运算操作符可以适用于各种类型的变量或者常数，运算的结果是逻辑类型的数据。标量也可以和数组进行比较，比较的时候将自动扩展标量，返回的结果是和数组同维的逻辑类型数组。如果进行比较的时两个数组，则数组必须是同维的，且每一维的尺寸也必须一致。

【例 2-15】 逻辑与、或、非使用实例。

```
>>a=[1 3 5;2 4 6];
>>b=[1 0 1;0 -1 -2];
>>A=a&b                                  %逻辑“与”
A =
   1   0   1
   0   1   1
>>B=a|b                                  %逻辑“或”
B =
   1   1   1
   1   1   1
>>C=~b                                   %逻辑“非”
C =
   0   1   0
   1   0   0
```

【例 2-16】 逻辑 any 和 all 使用实例。

```
>> a=[1 1 0;1 1 9;1 2 0]
  a =
      1   1   0
      1   1   9
      1   2   0
>>A=all(a)                     %元素为非零时返回真
A =
      1   1   0
>>B=any(a)                     %元素存在非零时返回真
B =
      1   1   1
```

本实例中，创建了数组 a=[1 1 0;1 1 9;1 2 0]，可以将 a 看作 3 个列向量的组合。因为 a 的第一列和第二列的元素均大于 0，第三列的元素中含有 0，所以 all 函数返回的矩阵 A 中，前 2 个元素为逻辑 1，后 1 个元素为逻辑 0。因为数组 a 的每一列都含有非 0 元素，因此 any 函数返回元素全为逻辑 1 的矩阵 B。

2.5　字符数据及操作

在北太天元中，由单引号包含几个字符（Character）即可以构成一个字符向量。一个字符向量被视为一个行向量，而字符向量的每一个字符（含空格符），则是以其ASCII的形式存放于此向量的每一个元素中，只是它的对外显示形式仍然是可读的字符。也可以由双引号包含文本形成字符串。字符向量与字符串类型在数据的可视化、应用程序的交互方面有着非常重要的作用。

2.5.1 字符向量与字符数组

1. 一般字符向量的创建

在北太天元中，所有的字符向量都用两个单引号括起来，进行输入赋值。如在北太天元命令窗口输入：

```
>>a='baltamatica'
a =
    'baltamatica'
```

字符向量的每个字符（空格也是字符）都是相应矩阵的一个元素。上述变量 a 是 1×11 阶的矩阵，可以用 size(a)命令查得：

```
>> size(a)
ans =
       1    11                    %1 行 11 列
```

2. 中文字符向量的创建

中文也可以作为字符向量的内容。但需要注意的是：在中文字符向量的输入过程中，两边的单引号必须是英文状态的单引号。例如：

```
>> A='北太天元'
A =
    '北太天元'
```

注：北太天元是采用的 UTF-8 编码格式，一个汉字会占据 3 个 char 的空间，所以 A 的大小是 1×12。所以不建议使用 char 处理中文字符向量。

3. 字符向量的寻访

在北太天元中，字符向量的寻访可以通过其坐标来实现。在一个字符向量中，北太天元按照从左至右的顺序对字符向量中的字符依次编号（1,2,3,…）。进行字符向量的寻访，只需要像寻访一般矩阵那样即可，例如：

```
>> A='1234';A(2:4)
ans =
    '234'
```

4. 字符数组的创建

二维字符数组以及字符串数组的建立也都非常简单。可以像数值数组的建立那样直接输入。

【例 2-17】 实例。

```
>> S=['welcome to ';'baltamatica']
S =
    'welcome to '
```

'baltamatica'

需要注意的时：在直接输入字符数组时，所有字符向量的字符个数必须相同。

2.5.2 字符串数组

1. 一般字符串的创建

字符串要用两个双引号括起来，创建一般字符串时输入：

```
>> b = "baltamatica"
b =
    "baltamatica"
```

一个字符串为一个元素，使用 size(b)命令可以查询到：

```
>> size(b)
ans =
    1    1              %1 行 1 列
```

2. 中文字符串的创建

字符串也能使用中文作为内容，中文字符串的双引号必须为英文状态的双引号。例如：

```
>> B = "北太天元"
B =
    "北太天元"
```

3. 字符串数组的创建

二维字符串数组的建立可以像数值数组的建立那样直接输入。例如：

```
D = [ "welcome to " ; "baltamatica" ]
D =
    "welcome to "
    "baltamatica"
```

2.5.3 比较字符向量

在北太天元中，有多种对字符向量进行比较的方式：

（1）比较两个字符向量是否相等。

（2）比较字符向量中的单个字符是否相等。

（3）对字符向量的元素进行分类，判断所有元素是否是字符或者空格。

用户可以使用下面两个函数中的任意一个，来判断两个输入字符向量是否相等。

strcmp：判断两个字符向量是否相等。

strcmpi：在比较的过程中忽略字母大小写。

例如，有以下两个字符向量：

```
>> str1 = '您好';
>> str2 = '北太天元';
```

由于字符向量 str1 和 str2 并不相等，所以若使用 strcmp 函数判断，将会返回逻辑值 0（false），例如：

```
>>c=strcmp(str1,str2)
c =
   0
```

用户也可以使用关系运算符进行字符向量的比较，只要比较的数组具有相同的大小，或者其中一个是标量即可。例如，可以使用“==”运算符判断两个字符向量中的哪些字符相等。

```
>> A='baltam';
>> B='matica';
>> A==B
ans =
    0   1   0   0   0   0
```

所有关系运算符都可以用来比较字符向量相对应位置上的字符。

2.5.4　类型转换

在北太天元中允许不同类型的数据和字符向量类型的数据之间进行转换，这种转换需要使用不同的函数完成。另外，同样的数据，特别是整数数据，有多种表示的格式，例如十进制、二进制或者十六进制。在C语言中，使用printf函数可以通过相应的格式字符向量输出不同格式的数据。而在北太天元中，则直接提供有相应的函数完成数制的转换。表2-6列举了这些函数。

表2-6　用于数字与字符转换的函数

函　数	说　明
num2str	将数字转换为字符向量
str2double	将字符向量转换为双精度类型的数据
sprintf	格式化输出数据到命令行窗口

2.5.5　字符向量应用函数小结

北太天元除矩阵计算外，在字符向量处理方面也提供了一系列非常强大的函数。表2-7对常用字符向量函数进行了分类小结。

表2-7　字符向量函数

函　数		说　明
字符向量创建函数	'str'	由单引号（英文状态）创建字符向量
	blanks	创建空格字符向量
	sprintf	将格式化数据写入字符向量
	strcat	字符向量组合

续表

函　数		说　明
字符向量修改函数	deblank	删除尾部空格
	lower	将所有字符小写
	sort	将所有元素升序或降序排列
	upper	将所有字符大写
字符向量读取和操作	eval	将一个字符作为北太天元命令执行
字符向量比较函数	strcmp	字符向量比较
	strcmpi	字符向量比较，忽略大小写

2.6　结构体数据和元胞数组

2.6.1　结构体数据

结构体（struct）是北太天元提供的一种将选择的数据存储到一个实体的数据类型。一个结构体可以由数据容器组成，这种容器叫作域，每个域中可以存储北太天元支持的数据类型。用户可通过使用存储数据时指定的域名来对域中的数据进行访问。图 2-3 是一个包括了 a、b 和 c 等 3 个域的结构体 S 的示意图。

结构体中的每一个域都存储一个独立的北太天元数组，这个数组可以属于任何一个北太天元或者用户自定义的数据类型，而且可以具有任何合法的数组大小。结构体中的一个域可以存储和另外一个域完全不同类型的数据，而且数据的大小也可以完全不同。例如图 2-1 所示的结构体 S 的第一个域 a 中存储了 1×6 个双精度类型的数组，第二个域 b 中存储了 1×5 个字符向量类型的数组，第 3 个域 c 中存储了 3×3 个双精度类型的数组。

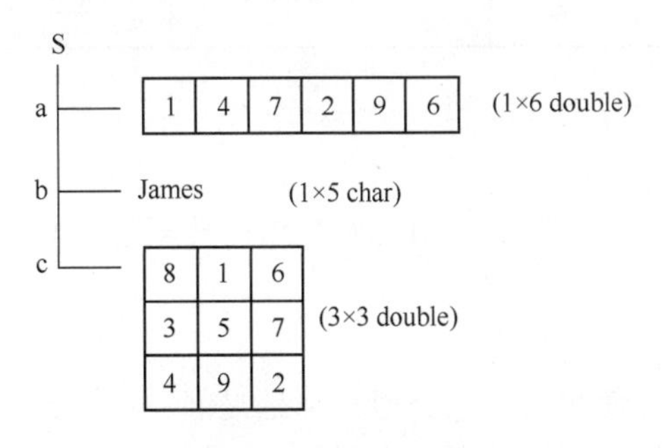

图 2-1　结构示意图

使用结构体的理由如下：

（1）在实际中需要存储多种混合的数据类型和大小。因为一般的北太天元数组只能存储同样大小的同种数据类型的元素。结构体和元胞数组就是重要的混合数据类型存储手段。

（2）一个结构体提供了在一个实体中存储特定数据的方法，这可以令用户对数据进行整体或者部分访问与操作。同时用户可以将函数直接运用于结构体，在用户自定义的 M 文件函数之间进行数据传递，显示结构体任何域中的值，或者进行支持结构体类型的任何北太天元操作。

（3）用户可以给数据以文字标签，这样在应用中可以清楚地对数据所包含的信息进行标注。

2.6.2 元胞数组

元胞数组（cell）是北太天元的一种特殊数据类型。可以将元胞数组看作一种无所不包的通用矩阵，或者叫作广义矩阵。组成元胞数组的元素可以是任何一种数据类型的常数或者常量，每个元素也可以有不同的尺寸和内存占用空间，元素之间的内容也可以完全不同。和一般的数值矩阵一样，元胞数组的内存空间也是动态分配的。图 2-2 所示为一个 2×3 的元胞数组的结构示意图。元胞数组的第 1 行包括了无符号整数、字符向量整数和一个复数数组，第 2 行包括了其他 3 种类型的数组，其中最后一个是另外一个元胞数组的嵌套。

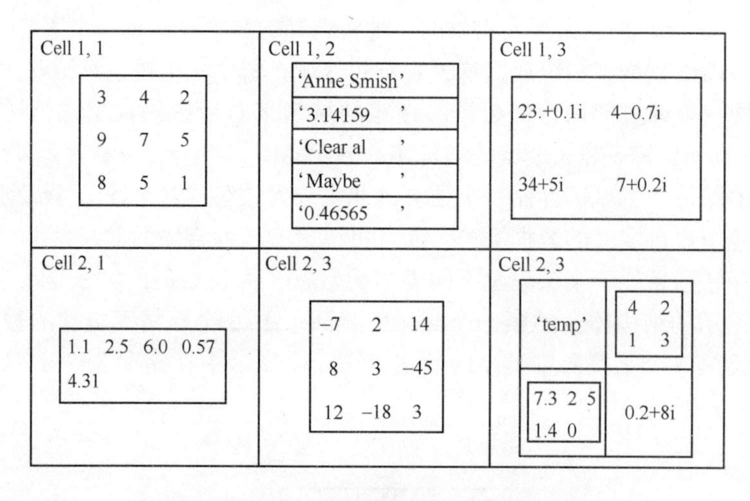

图 2-2　元胞数组结构示意图

元胞数组可以是一维或二维的。对元胞数组的元素进行寻访，可以使用单下标方式或者全下标方式。

结构体和元胞数组的比较如下：

结构体和元胞数组在使用目的上类似，都是提供一种存储混合格式数据的方法。二者最大的区别在于：结构体存储数据的容器称为“域”，而元胞数组是通过数字下标索引进行访问的。

结构体经常用于重要数据的组织存储，而元胞数组因为采用数字下标，所以经常在循环控制流中使用。元胞数组还经常被用来存储不同长度的字符向量。在实际应用中，用户可以根据自己的习惯和实际应用来决定。

2.7　习　　题

1. 复数 $z_1=4+3i$，$z_2=1+2i$，$z_3=2e^{\frac{\pi}{6}i}$，请计算 $z=\frac{z_1 z_2}{z_3}$。

2. 请判断下面语句在北太天元中的运算结果。

（1）5<12；（2）5<=12；（3）5==12；

（4）5~=12；（5）'a'<'A'；（6）'a'>'A'&&5<12。

3. 由指令 A=rand(3,5)生成二维数组 A，试求该数组中所有大于 0.5 的元素的逻辑下标。

4. 利用指令 magic 生成 6 维方阵 A，然后把 A 中取值为 2、4、8、16 的元素都被重新赋值为 0。最后，把 A 数组的第 4、5 两列元素重新赋值为 1。

5. 已知 A=magic(3),B=rand(3),计算以下表达式的值：A*B；A.*B；B/A；B./A；A*A/B-B；A^2；A.^2；eye(3)/A。

第3章　北太天元流程控制和函数

本章对北太天元的基本编程进行讲解与分析，相关的概念有M文件编辑器、控制流、脚本、函数、主函数、子函数、匿名函数、函数句柄、串演算函数等。

3.1　M文件

M文件因其扩展名为.m而得名，它是一个标准的文本文件，因此可以在任何文本编辑器中进行编辑、存储、修改和读取。文件的语法类似于一般的高级语言，是一种程序化的编程语言，但它又比一般的高级语言简单，且程序容易调试、交互性强。在初次运行M文件时会将其代码装入内存，再次运行该文件时会直接从内存中取出代码运行，因此会大大加快程序的运行速度。

M文件包括脚本文件和函数文件两种。脚本文件不需要输入参数，也不输出参数，按照文件中指定的顺序执行命令序列。而函数文件则接收其他数据为输入参数，并且可以返回数据。

脚本式M文件和函数式M文件各自特点如下：

- 命令文件（或称为脚本文件 script）

简单执行一系列北太天元语句，需要多次运行文件；

不能接收参数输入，也不返回输出结果；

将变量保存在基本（Base）工作空间，这是多个脚本和命令行窗口建立的变量的共享空间。

- 函数文件（function）

函数定义语句——function，主要用来写应用程序；

能够接收输入参数，也能返回输出结果；

有自己单独的工作空间，变量保存于此。

3.1.1　M文件编辑器

M文件编辑器一般不会随着北太天元的启动而启动，只有用户按界面操作打开脚本编辑器时才可启动。需要指出的是，M文件编辑器不仅可以用来编辑M文件，还可以对M文件进行交互性调试。另外，M文件编辑器还可以用来阅读和编辑其他的ASCII码文件。通常情况下，可以使用下面几种方法打开M文件编辑器。

（1）单击常用工具栏上的“文件”图标，选择新建文档，如图3-1所示。

（2）单击脚本编辑器的“新建”按钮，选择新建文档，如图3-2所示。

（3）单击脚本编辑器的“打开”按钮，打开已有文档，如图3-3所示。

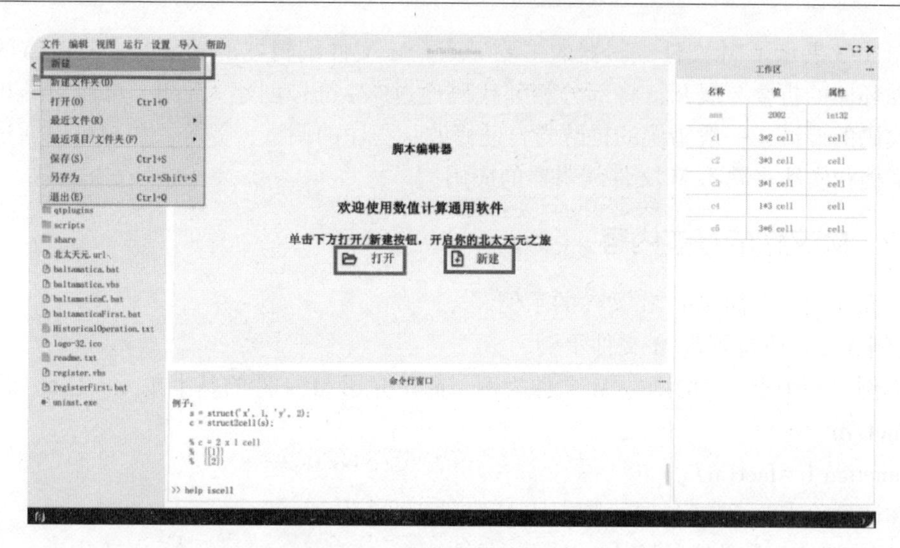

图 3-1　常用工具栏打开方式

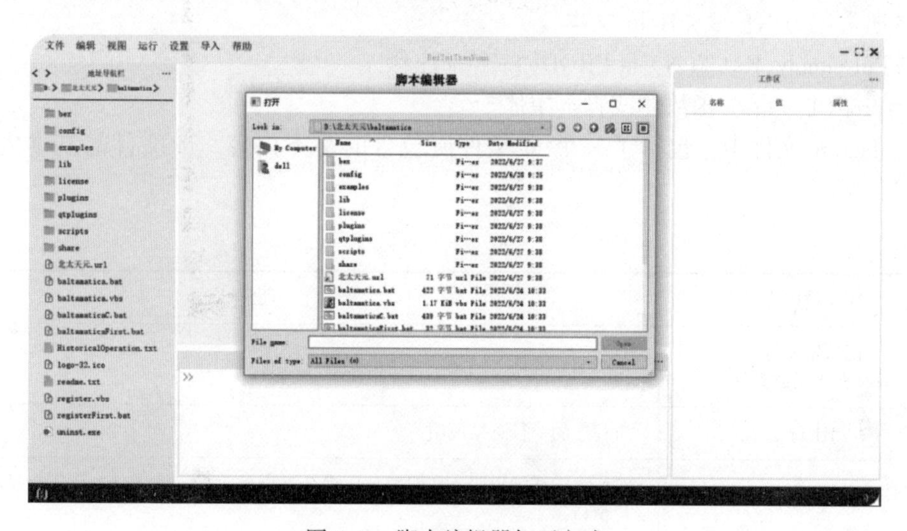

图 3-2　脚本编辑器打开方式

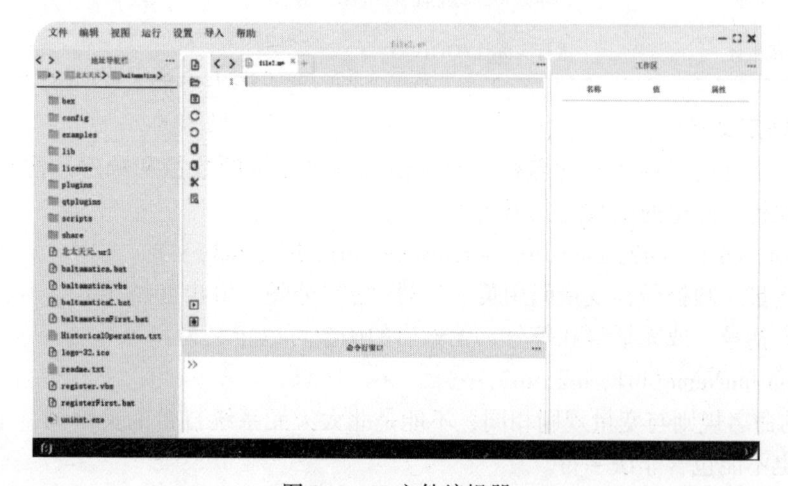

图 3-3　M 文件编辑器

图 3-3 展示了 M 文件编辑器的主要界面。M 文件编辑器的功能是非常丰富的。例如，循环体的折叠与展开；将部分相邻代码通过%%符号创建为 cell，可以对 cell 进行部分代码的调试；一般错误的提醒与自动修改；程序的调试；等等。用户可以通过查阅 help 文档和实践来熟悉 M 文件编辑器的应用。

3.1.2 M 文件的基本内容

下面介绍一个简单的 M 文件的示例。

【例 3-1】 简单函数 M 文件示例。

本例以一个求 $n!$ 的函数 M 文件为例，简单介绍 M 文件的基本单元。代码如下：

fact. m

```
function f =fact(n)
%计算阶乘%函数定义行,脚本式 M 文件无此行
%FACT(N)返回 N 的阶乘%H1 行
%通常记为 N!    %Help 文本
%Put simply,FACT(N) is PROD(1:N)%注释
f=prod(1:n); %函数体或脚本主体
```

在 fact. m 文件中，包括了一个 M 文件所包含的基本内容。M 文件的基本内容如表 3-1 所示。

表 3-1　M 文件的基本内容

M 文件内容	说　明
函数定义行（只存在于函数文件）	定义函数名称，定义输入输出变量的数量、顺序
H1 行	对程序的一行总结说明
Help 文本	对程序的详细说明，在调用 help 命令查询此 M 文件时和 H1 行一起显示在命令行窗口
注释	具体语句的功能注释、说明
函数体	进行实际计算的代码

1. 函数定义行

函数定义行用来定义函数名称，定义输入输出变量的数量和顺序。注意脚本式 M 文件没有此行。完整的函数定义语句为：

function [out1, out2, out3, …] =funName(in1, in2, in3,…)

其中输入变量用圆括号，变量间用英文逗号“,”分隔。输出变量用方括号，无输出时可用空的方括号，或无括号和等号。无输出的函数可以定义为：

function funName(in1, in2, in3,…)

funName 的命名规则与变量规则相同，不能是北太天元系统自带的关键词，不能使用数字开头，也不能包含非法字符。

2. H1 行

H1 行紧跟着函数定义行。因为它是 Help 文本的第 1 行，所以叫它 H1 行，用百分号(%)开始。

北太天元可以通过命令把 M 文件上的帮助信息显示在命令行窗口。因此，建议写 M 文件时建立帮助文本，把函数的功能、调用参数情况等描述出来，以供自己和别人查看，方便函数的使用。

H1 行是函数功能的概括性描述，在命令行窗口提示符下输入命令可以查看 H1 行文本：

help filename 或 lookfor filename

3. Help 文本

这是为了帮助建立的文本，可以是连续多行的注释文本。只能在命令行窗口观看，不可以在北太天元 Help 浏览器中显示。帮助文本遇到之后的第 1 个非注释行结束，函数中的其他注释行不被显示。

3.1.3 脚本式 M 文件

用户可以将需要重复输入的所有命令按顺序放到脚本式 M 文件中，每次运行时只要输入该 M 文件的文件名，或者打开该文件单击 M 文件编辑器的“运行”按钮，或者按 Ctrl+R 快捷键即可。需要注意的是，用户在创建 M 文件时，其文件名要避免与北太天元中的内置函数或工具箱中的函数重名，以免发生内置函数被替换的情况。同时，当用户所创建的 M 文件不在当前搜索路径时，该函数将无法调用。

由于脚本式 M 文件的运行相当于在命令行窗口中依次输入运行命令，所以在编辑这类文件时，只需将所要执行的语句逐行编辑到指定的文件中即可。不需要预先定义变量，命令文件中的变量都是全局变量，任何其他的命令文件和函数都可以访问这些变量，也不存在文件名对应的问题。

【例 3-2】 脚本式 M 文件的运算案例。

本例 M 文件代码如下：

Ex_3_2. m

```
clc
clear
Y=round(rand(10,1) * 10)
bar(Y)
```

将以上内容的 M 文件 Ex_3_2. m 保存在系统当前目录下，然后在命令行输入该 M 文件的文件名 Ex_3_2，或者打开该文件后单击 M 文件编辑器的“运行”按钮，或者按 Ctrl+R 快捷键，即可运行该文件。运行结果如图 3-4 所示。

3.1.4 函数式 M 文件

函数式 M 文件比脚本式 M 文件相对复杂一些，脚本式 M 文件不需要自带变量，也不一定返回结果，而函数式 M 文件一般要自带变量，并且有返回结果。函数式 M 文件也可以不带变量，此时文件中一般会使用一些全局变量来实现与外界和其他函数之间的数据交换。

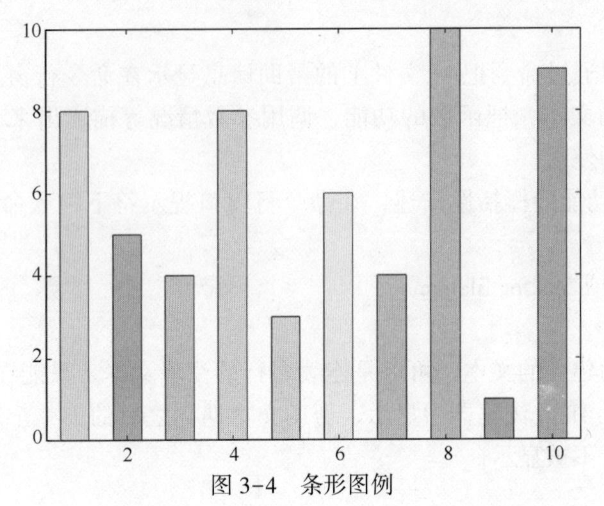

图 3-4　条形图例

函数式 M 文件的第 1 行以关键词 function 开始，说明此文件是一个函数。其实质为用户向北太天元函数库中添加的自定义子函数。完整的**函数定义语句**为：

function [out1, out2, out3,…] = funName(in1, in2, in3,…)

其中输入变量用圆括号，变量间用英文逗号“,”分隔。输出变量用方括号，无输出时可用空括号[]，或无括号和等号。

函数式 M 文件的编写和保存与脚本式 M 文件基本相同。

【例 3-3】 使用函数式 M 文件计算向量的**平均值**。

打开 M 文件编辑器，输入以下内容，并将其保存为 average. m。

```
average. m
function mean = average (a)
%向量的平均值函数
%AVERAGE (a)表示向量 a 的元素的平均值
%输入非向量输出错误
[m,n] = size(a);
if( ~((m==1) | (n==1)) | (m==1&n==1))
error( '输入须为向量' )                %错误信息
end
mean= sum(a) /length(a);               %实际计算
```

在本例中，真正进行计算的是 mean = sum(a)/length(a) 这一行命令，除此以外将会对不合适的输入变量进行判断，并给出错误信息。将以上的 average. m 保存到北太天元当前目录下，我们就可以在命令行或其他的 M 文件中对其进行调用。例如：

```
>> z =2:100;
>> A=average (z)
A=
    51
```

3.2　流 程 控 制

北太天元流程控制结构大致可以分为**顺序结构、if 分支结构、switch 结构、for 循环结构和 while 循环结构** 5 种。这 5 种结构的语法不像 C 语言那样复杂，并且具有功能强大的工具箱，使得北太天元成为科研工作者及学生易掌握的软件之一。

流程控制语句是编写程序的基本且必需的部分。

3.2.1　顺序结构

顺序结构是最简单、最易学的程序结构，它由多个程序语句顺序构成，各语句之间用“;”隔开，程序执行时也是按照由上至下的顺序进行。

【例 3-4】 顺序结构示例。创建 M 文件 Ex_3_4. m，内容如下：

```
A=[2 3;3 4];
B=[5 6;7 8];
C=A-B
```

按 Ctrl+R 快捷键或单击“运行”按钮，或者将其在当前目录下保存为 Ex_3_4. m，然后在命令行窗口键入 Ex_3_4 并运行，得到如下结果：

```
>> Ex_3_4
    C=
        2x2 double matrix
        -3     -3
        -4     -4
```

3.2.2　if 分支结构

1. if…end

此时的程序结构如下：

```
if  表达式
执行语句
end
```

这是最简单的判断语句。即当表达式为 true 时，执行 if 与 end 之间的执行语句；当表达式为 false 时，跳过执行语句，直接执行 end 后面的程序。

【例 3-5】 if…end 语句使用示例，用于判断。

```
Ex_3_5. m
a=11;
if  rem(a, 2) = = 0              %判断 a 是否是偶数
        disp('a is even' )
    else
        disp('a isnot even')
  end
```

本例中的程序首先判断 a 是否是偶数，因为 a 的值为 6，所以命令 rem(a,2)= =0 返回逻辑值 true。然后程序运行 if 语句之内的程序段，得出如下结果：

```
1x9 char
    'a is not even '
```

2. if…else…end

此时的程序结构如下：

```
if 表达式
    执行语句 1
else
    执行语句 2
end
```

如果表达式为 true，则执行 if 与 else 之间的执行语句 1，否则执行 else 与 end 之间的执行语句 2。

【例 3-6】 if…else…end 语句使用示例。

```
if a>b
disp('a is bigger than b')              %若 a>b 则执行此句
y=a;                                    %若 a>b 则执行此句
else
disp('a is not bigger than b')          %若 a<=b 则执行此句
y=b;                                    %若 a<=b 则执行此句
end
```

3. if…elseif…else…end

在有更多判断条件的情况下，可以使用 if…elseif…else…end 结构。

```
if  表达式 1
执行语句 1
elseif  表达式 2
执行语句 2
elseif  表达式 3
执行语句 3
elseif  …
  …
else
  执行语句
end
```

在这种情况下，如果程序运行到的某一条表达式为 true，则执行相应的语句，此时系统不再对其他表达式进行判断，即系统将直接跳到 end。另外，最后的 else 可有可无。

需要指出的是：如果 elseif 被空格或者回车符分开，成为 else if，那么系统会认为这是一个嵌套的 if 语句，所以最后需要有多个 end 关键词相匹配，并不像 if…elseif…else…end 语句中那样只有一个 end 关键词。

【例 3-7】 if…elseif…else…end 语句使用示例，用于矩阵变换。

创建文件 selectTest. m。

```
A=[1 2 4;8 9 3;2 4 7];
i=3;
j=3;
if i==j
    A(i,j)=0;
elseif abs(i-j)==2
A(i-1,j-1)=-1;
else
A(i,j)=-10;
end
    A
```

在命令行窗口中运行，结果如下：

```
>> selectTest
A=
  3x3 double matrix
    1.0000    2.0000    4.0000
    8.0000    9.0000    3.0000
    2.0000    4.0000    0.0000
```

3.2.3　switch 结构

一般来说，这种分支结构也可以由 if…else…end 结构实现，但那样会使程序变得更加复杂且不易维护。switch…case…end 分支结构一目了然，而且更便于后期维护。这种结构形式如下：

```
switch 变量或表达式
case    常量表达式 1
        语句组 1
case    常量表达式 2
        语句组 2
…
case    常量表达式 n
        语句组 n
otherwise
        语句组 n+1
end
```

其中，switch 后面的“变量或表达式”可以为数字变量或字符串。如果变量或表达式的值与其后某个 case 后的常量表达式的值相等，就执行这个 case 和下一个 case 之间的语句组，否则就执行 otherwise 后面的语句组 n+1；执行完一个语句组，程序便退出该分支结构，执行 end 后面的语句。

【例 3-8】 switch... case... end 语句使用示例，用于单值比较。

```
function y=compare(x)
        switch x
        case -1
            disp('negative one')
        case 0
            disp('zero')
        case 1
            disp('positive one')
        case 'bei tai tian yuan'
            disp('bei tai tian yuan')
        otherwise
            disp('other value')
        end
end
```

在命令行窗口中运行，结果如下：

```
>> compare(0)
  1x4 char mat
    'zero'
```

3.2.4 for 循环结构

前面介绍了两种重要的分支结构，使用这两种结构，用户可以对程序的进程进行一定的控制，从而使程序结构清晰，便于操作。而在进行许多有规律的重复运算时，就需要使用 for 循环结构或 while 循环结构。北太天元语言提供了两种循环结构，即 for 循环和 while 循环，本小节介绍 for 循环。

在 for…end 循环中，循环次数一般情况下是已知的，除非用其他语句提前终止循环。

```
for 变量=表达式
可执行语句 1
...
可执行语句 n
end
```

其中“表达式”通常形如 m:s:n（s 的默认值为 1）的向量，即变量的取值从 m 开始，以间隔 s 递增一直到 n，变量每取一次值，循环便执行一次。

【例 3-9】for 循环使用示例，用于构造向量。

Ex_3_9. m

```
A=zeros(1,6);
for i=1:6
    A(i)=i+1;
end
A
```

运行后可得到如下结果：

```
>>Ex_3_9
A=
        1x6 double matrix
          2.0000    3.0000    4.0000    5.0000    6.0000
```

【例 3-10】for 循环嵌套使用示例。

Ex_3_10. m

```
for    m =1:6
    for     n = 1:5
        A(m,n)= m+n;            %使用循环体给变量 A 赋值
    end
end
A
```

运行以上文件，得到的结果如下：

```
A=
  6x10 double
    2  3  4  5  6  7  8  9  10  11
    3  4  5  6  7  8  9  10  11  12
    4  5  6  7  8  9  10  11  12  13
    5  6  7  8  9  10  11  12  13  14
    6  7  8  9  10  11  12  13  14  15
    7  8  9  10  11  0  0  0  0  0
```

需要指出的是，由于北太天元是一种解释性语言，它的执行效率对于 for 和 while 循环并不高，所以用户最好使用更为高效的向量化语言来代替循环。

3.2.5　while 循环结构

如果不知道所需要的循环到底要执行多少次，那就可以选择 while…end 循环。

```
while 表达式
    可执行语句 1
    ...
    可执行语句 n
end
```

其中“表达式”即循环控制语句，一般是由逻辑运算或关系运算及一般运算组成的表达式。若表达式的值非零，则执行一次循环，否则停止循环。这种循环方式在编写某一数值算法时用得非常多。一般来说，能用 for…end 循环实现的程序也能用 while…end 循环实现。

【例 3-11】 while 循环使用示例，编写一个阶乘函数。

```
function s=factorial(n)
    s = n;
    while n > 1
        n = n-1;
        s = s * n;
    end
end
```

运行以上命令，求“10!”，在命令函数窗口输入 s=factorial(10)：

```
>> s=factorial(10)
s=
    1x1 double matrix
    3628800.0000
```

【例 3-12】 多种循环体的嵌套使用示例。

Ex_3_12. m

```
clear
clc
fori=1:1:5                  %行号循环,从 1 到 5
    j=5;
    while j>0               %列号循环,从 5 到 1
        x(i,j)=j-i;         %矩阵 x 的第 i 行第 j 列元素值为其行列号的差
        if x(i,j)<0         %当 x(i,j)为负数时,取其相反数
            x(i,j)=i-x(i,j);
            end
        j=j-1;
    end
end
```

运行 Ex_3_14. m 文件，可以得到如下结果：

```
x =
  5x5 double
    0   1   2   3   4
    3   0   1   2   3
    5   4   0   1   2
    7   6   5   0   1
    9   8   7   6   0
```

3.2.6　控制程序流的常用指令

控制程序流的常用指令见表 3-2。

表 3-2　控制流的常用指令

指令及使用格式	使用说明
user_entry =input('prompt'); user_entry = input('prompt','s');	input 命令用来提示用户从键盘输入数据、字符串或表达式，并接收输入值显示 prompt，等待用户的输入，输入的数值赋给变量参数 s，表示返回的字符串作为文本变量，而不是作为变量名或数值
keyboard	请求键盘输入命令 keyboard，如被放置在 M 文件中，将停止文件的继续执行，并将控制权交给键盘。可通过在提示符前面显示 K 来表征这种特殊状态。在 M 文件中使用该命令，对程序的调试及在程序运行中修改变量都很方便
pause pause(n)	第一个命令导致 M 文件停止，等待用户按任意键继续运行；第二个命令在执行前中止执行程序 n 秒，n 可以是任意实数
continue	该命令通常用在 for 或 while 循环结构中，并与 if 一起使用，其作用是结束本次循环，即跳过其后的循环语句而直接进行下一次是否执行循环的判断
break	该命令一般用来终止 for 或 while 循环，通常与 if 条件语句结合在一起使用，如果条件满足则利用 break 命令将循环终止。在多层循环嵌套中，break 只终止最内层的循环
return	使用 return 命令，能够使得当前正在调用的函数正常退出。首先对特定条件进行判断，然后根据需要，调用 return 语句终止当前运行的函数

3.3　函数的类型

北太天元中的函数主要有两种创建方法：在命令行中创建和通过 M 文件创建。在命令行中创建的函数称为匿名函数。通过 M 文件创建的函数有多种类型，包括主函数、子函数及嵌套函数等。

3.3.1　主函数

从结构上看，主函数与其他函数没有任何区别，之所以叫它主函数，是因为它在 M 文件中排在最前面，其他子函数都排在它后面。主函数与其 M 文件同名，是唯一可以在命令窗口或者其他函数中调用的函数。主函数通过 M 文件名来调用。本书前文涉及的函数文件都是主函数，所以这里不再举例说明。

3.3.2　子函数

一个 M 文件中可以写入多个函数定义式，排在第 1 位的是主函数，排在主函数后面进行定义的函数都叫子函数，子函数的排列无规定顺序。子函数只能被同一个文件上的主函数或其他子函数调用。子函数与主函数没有形式上的区别。每个子函数都有自己的函数定义行。

【**例 3-13**】子函数示例。

```
newstats. m
function [avg, med] = newstats (u)          %主函数
%NEWSTATS 向量 u 的平均值和中位数
n = length(u);
avg = mean(u, n);
med = median(u,n);

function a = mean(v,n)                      %子函数
%计算平均值
a = sum(v) /n;

function m = median(v, n)                   %子函数
%计算中位数
w = sort(v);
if rem(n,2) = = 1
m =w((n+1) / 2);
else
m = (w(n/2) + w(n/2+1)) / 2;
end
```

运行完脚本之后，命令行输入以下命令：

```
>>u=[1,2,3,4,5,6,7,8,9,10];
>>Ex_newstats(u)
```

显示结果为：

```
ans =
  1x1 double
    5.5000
```

本例中的主函数 newstats 用于返回输入变量的平均值和中位值。而子函数 mean 只用来计算平均值，子函数 median 只用来计算中位值，主函数在计算过程中调用了这两个子函数。

需要注意的是：几个子函数虽然在同一个文件上，但各有自己的变量，子函数之间不能相互存取别人的变量。若声明变量为全局变量，那另当别论。

调用一个子函数时的查找顺序：

从一个 M 文件中调用函数时，北太天元首先查看被调用的函数是否是本 M 文件上的子函数，如果是，则调用它；否则，再寻找是否有同名的私有函数，如果还不是，则从搜索路径中查找其他 M 文件。因为最先查找的是子函数，所以在 M 文件中可以编写子函数来覆盖原有的其他同名函数文件。例如例 3-13 中的子函数 mean 和 median 是北太天元内建函数，但是通过子函数的定义，我们可以调用自定义的 mean 和 median 函数。

3. 3. 3　匿名函数

匿名函数提供了一种不需要每次都调用 M 文件编辑器的快速建立简单函数的方法。用户可以在北太天元命令行、函数文件或脚本文件中建立匿名函数。

匿名函数总体来讲比较简单，由一条表达式组成，能够接收多个输入或输出参数。使用匿名函数可以避免文件的管理和存储，但是匿名函数的执行效率比较低，会占用较多的时间。

1. 匿名函数的构建

构建匿名函数的语法形式是

fhandle = @ (arglist) expr

现在从右向左解释一下这个语法结构：expr 为北太天元表达式，是函数的主体，即执行函数要完成的任务。arglist 为输入变量列表，用逗号分隔。@ 为北太天元的操作符，用于建立函数句柄。构建匿名函数时，必须使用这个操作符。

这个语句形式有两个作用：建立匿名函数；把返回的函数句柄的值保存在变量 fhandle 中。函数句柄为调用匿名函数提供了方便。函数句柄不仅可以给匿名函数提供方便，也可以指向任何已存在的北太天元函数。我们将在 6. 5 节介绍函数句柄。

【例 3-14】 匿名函数简单示例。

计算一个数的平方：

```
>>sqr = @ (x) x.^2;                %创建匿名函数句柄
>>a=sqr (5)                        %函数句柄的调用
a =
    1x1 double
    25
```

因为 sqr 是一个函数的句柄，所以用户可以将它作为参数传递到其他函数中。下面的代码表示将 sqr 传递到积分函数 quad 中：

```
>> quad(sqr,0,1)                   %将 sqr 所指向的函数从 0 积分到 1
ans =
0. 3333
```

【例 3-15】 两个输入变量的匿名函数示例。

要创建两个输入变量（如 x 和 y）的匿名函数，可以参考以下示例：

```
>> A=7;
>> B=3;
>> sumAxBy = @ (x, y) (A * x + B * y);        %创建匿名函数
>>whos                                         %查看 sumAxBy 类型
当前工作区变量信息如下：
变量名：sumAxBy
基本信息：1x1 function_handle
变量名：A
基本信息：1x1 double
```

变量名：B

基本信息：1x1 double

```
>> sumAxBy (5,7)                    %调用函数句柄
   ans =
     1x1 double
     56
```

2. 匿名函数数组

可以使用元胞数组实现在一个数组中保存多个匿名函数。

【例 3-16】匿名函数数组示例。

下面的命令可以在元胞数组 A 中保存 3 个匿名函数：

```
>> A = {@(x)x.^2, @(y)y+10,@(x,y)x.^2+y+10}
A =
  1x3 cell array
    {1x1 function}    {1x1 function}    {1x1 function}
```

可以通过使用一般的元胞数组寻访方法 A{1} 和 A{2}，对元胞数组中的前两个函数进行寻访：

```
>>A{1} (4) + A{2} (7)
ans =
  33
```

也可以单独调用第 3 个函数，以得到同样的计算结果：

```
>>A{3} (4, 7)
ans =
     33
```

在一般的函数定义过程中，用户可以使用空格而令程序更加清晰可读。但是在定义匿名函数数组时，注意不要使用空格字符，以免造成歧义。为保证北太天元能够准确解释匿名函数，可以使用下面的方法避免歧义。

(1) 除去函数体中的空格。

```
A = {@(x)x.^2, @(y)y+10, @(x, y)x.^2+y+10};
```

(2) 给每个匿名函数加上括号，括号内可以有空格。

```
A={(@(x)x .^ 2), (@(y) y +10), (@(x,y) x.^2 + y+10) };
```

(3) 把每个匿名函数指定给变量，使用变量名建立元胞数组。

```
A1 = @(x)x.^2;
A2=@(y)y+10;
A3 = @(x,y)x.^2 + y+10;
A={A1,A2,A3};
```

3. 匿名函数的输出

匿名函数返回的输出参数的数目，取决于调用函数时指定在等号左边的变量数。

假设有一个匿名函数 getPersInfo，它能够依序返回人员的地址、家庭电话、工作电话和生日等。若只想得到某人的地址，调用函数时指定一个输出即可：

address = getPersInfo (name);

为了得到几种信息，可以指定多个输出：

[address, homePhone, busPhone] = getPersInfo (name);

需要指出的是：指定的输出个数不能超过函数所能生成的最大数目。

4. 匿名函数的变量

匿名函数中通常包含以下两种变量。

(1) 定义在变量列表中的变量。它们经常随着函数的每次调用而改变。

(2) 定义在函数表达式中的变量。在整个函数句柄的生命周期中，北太天元把它们作为常数保存。

构建匿名函数时，必须先为第 2 种变量（如果有）指定值。一旦北太天元得到了这些变量的值，就会一直使用下去，而不理会它们的改变。要想为它们定义新值，必须重新构建函数。

【例 3-17】 使用匿名函数求积分。

第 1 步，将方程中的括号部分(x2+cx+1)写成一个匿名函数，但不必把它赋值给变量，它将直接传递给积分函数 quad。

```
>> @ (x) (x.^2 + c * x + 1)
```

第 2 步，把函数句柄作为参数传递给解方程函数 quad，变量 x 的值是 0 和 1，quad 函数表示为

```
>> quad(@ (x)(x.^2+c * x+1),0,1)
```

第 3 步，把 c 作为输入参数，对整个方程构造一个匿名函数，并将函数句柄指定给 g：

```
>> g=@ (c)(quad(@ (x)(x.^2+c * x+1),0,1))
```

将 c 指定为 2，计算这个积分式的值：

```
ans =
  1x1 double
2.3333
```

3.4 函数的变量

要想更加深入地理解函数运行的方式，就要理解函数的变量。

3.4.1 变量类型

北太天元将每个变量都保存在一块内存空间中，这个空间称为工作空间。主工作空间包括所有通过命令窗口创建的变量和脚本文件运行生成的变量。脚本文件没有独立的工作空间，而每个函数，包括子函数和嵌套函数，都拥有独立的工作空间，将该函数的所有变量保存在该工作空间内。

本节介绍的变量类型包括局部变量、全局变量和永久变量。这些类型主要是根据变量作用的工作空间分类的。

1. 局部变量

每个函数都有自己的局部变量，这些变量存储在该函数独立的工作空间中，与其他函数的变量及主工作空间中的变量分开存储。当函数调用结束时，这些变量随之删除，不保存在内存中。并且除了函数返回值，该函数不改变工作空间中其他变量的值。然而脚本文件却没有独立的工作空间，当通过命令窗口调用脚本文件时，脚本文件分享主工作空间；当函数调用脚本文件时，脚本文件分享主调函数的工作空间。需要注意的是：如果在脚本中改变了工作空间中变量的值，那么脚本文件调用结束后，该变量的值会发生改变。在未加特殊说明的情况下，北太天元软件语言将所识别的一切变量视为局部变量，即仅在其使用的 M 文件内有效。

2. 全局变量

局部变量只在一个工作空间内有效，无论是函数工作空间还是北太天元主工作空间。

与局部变量不同，全局变量可以在定义该变量的全部工作空间中有效。当在一个工作空间内改变该变量的值时，该变量在其他工作空间中的变量同时改变。

若要将变量定义为全局变量，则应当对变量进行声明，即在该变量前加关键字 global。一般来说，全局变量用大写的英文字母表示。格式如下：

```
global VAR1 VAR2
```

如果一个 M 文件中包含的子函数需要访问全局变量，则需要在子函数中声明该变量；如果需要在命令行中访问该变量，则需要在命令行中声明该变量。在北太天元中，变量名的定义区分大小写。

【例 3-18】 使用全局变量，求解 Lotka-Volterra 捕食模型。

Lotka-Volterra 捕食公式为

$$y_1 = y_1 - \alpha y_1 y_2$$

$$y_2 = -y_2 + \beta y_1 y_2$$

首先建立该模型的函数文件。

```
lotka.m
function yp = lotka(t,y)
%LOTKA Lotka-volterra 捕食模型
global ALPHA BETA      %声明全局变量
yp = [y(1)-ALPHA * y(1) * y(2);-y(2) + BETA * y(1) * y(2)];
```

然后调用函数文件 lotka.m，使用 ode23 函数求解这个微分方程。

```
Ex_3_23.m
global ALPHA BETA
ALPHA = 0.01
BETA = 0.02
[t,y] = ode23(@lotka, [0,10], [1; 1]);
plot(t,y)
```

输出结果如图 3-5 所示。

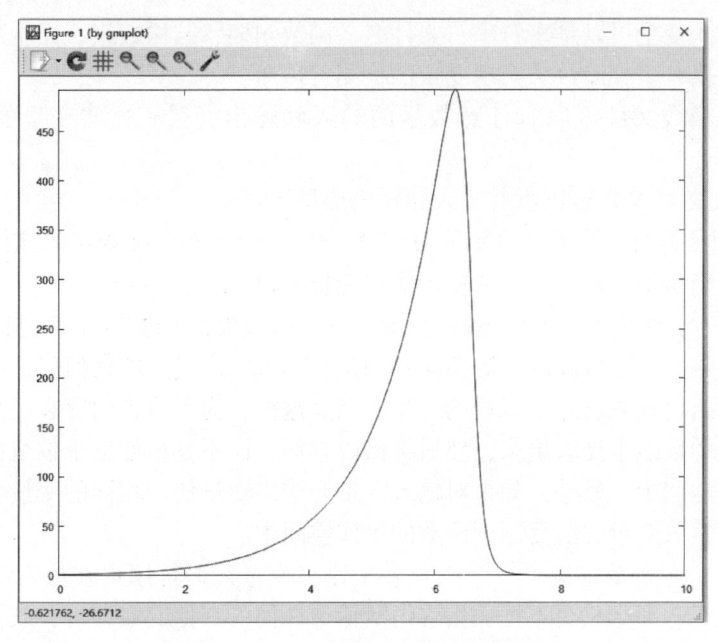

图 3-5　Lotka-Volterra 捕食模型图

在本例中，因为使用了全局变量，所以在函数文件之外定义的参数 ALPHA 和 BETA 才可以被函数调用。需要指出的是：使用全局变量有一定的风险，容易造成错误，所以建议用户尽量少使用全局变量。例如，用户可能不经意间在一个函数文件中声明的全局变量名和另外一个函数文件中的全局变量名相同，这样在运行程序的时候，一个函数就可能对另一个函数中使用的全局变量进行覆盖赋值，这种错误是很难被发现的。

另外，在用户需要更改变量名时可能会引发问题。为了不让这种变量名的改变发生错误，就需要查找代码中出现的所有该变量名（如果是与他人合作开发代码，那么这个问题尤其严重）。

3. 永久变量

除了局部变量和全局变量外，北太天元中还有一种变量类型，即永久变量。永久变量有如下几个特点。

（1）只能在函数文件内部定义。

（2）只有该变量从属的函数能够访问该变量。

（3）当函数运行结束时，该变量的值保留在内存中，因此当该函数再次被调用时，就可以再次利用这些变量。

永久变量的定义方法为：

```
persistent    Var1    Var2
```

3.4.2　变量的传递

在编写程序时，参数传递一直是一个非常重要的问题。如何合理安排程序的变量传递，直接关系程序的执行效率，有时甚至关系能否完成程序功能的问题。在北太天元中，函数的输入变量可以是字符串、文件名、函数句柄、结构数组、元胞数组等多种类型，另外还提供有多种函数来实现变量的检测、传递。

北太天元函数文件可以有任意数量的输入和输出变量，这些变量的特性和规则如下。

(1) 函数式 M 文件可以没有输入和输出变量。

(2) 调用函数时，输入输出变量的个数，可少于 M 文件中规定的该函数的输入输出变量个数，但是不能多于规定的输入输出变量个数。

(3) 当一个函数被调用时，输入变量并没有被复制到函数的工作空间中，但是它们的值在这个函数中是可读的。需要注意的是：如果输入变量的任何值被改变了，那么这个输入变量组就被复制到了函数的工作空间。这样，为了节省内存和提高速度，最好是将元素从大的数组中提取出来，然后再修改它们，而不是迫使整个数组都被复制到这个函数的工作空间中。另外，如果对输入变量和输出变量使用相同的变量名，则会使北太天元立刻将输入变量的值复制到函数的工作空间中。

(4) 如果一个函数定义了一个或者多个输出变量，但是用户在使用的时候又不想输出所有的结果，那么只要不把输出变量赋值给任何的其他变量即可，或者在函数结束之前使用 clear 命令删除这些变量。

3.5 函数句柄

函数句柄是用来间接调用函数的一种结构语言，使用函数句柄可以很方便地调用其他函数，如提供函数调用过程中的可靠性、减少程序设计中的冗余，同时可以在使用函数的过程中保存函数相关的信息，尤其是关于函数执行的信息。

3.5.1 函数句柄的创建

函数句柄并不是伴随着函数文件而自动生成的文件“属性”，它必须通过专门的定义才能够生成。函数句柄的创建可以通过特殊符号@引导函数名来实现。函数句柄实际上就是一个结构数组。

在此需要强调以下两点。

(1) 创建函数句柄时，被创建句柄的函数文件必须在当前视野（scope）范围内。所谓当前视野包括当前目录、搜索路径。此外，如果创建函数句柄的指令在一个函数文件中，那么该句柄包含的所有子函数也在视野内。

(2) 假如被创建句柄的函数不在当前视野内，则所创建的函数句柄无效。对于这种无效创建，北太天元既不会给出“出错”信息，也不会给出任何警告。

函数句柄的创建比较简单，调用语法如下：

```
handle = @functionname
```

其中 handle 为所创建的函数句柄，functionname 为所创建的函数。

给匿名函数创建函数句柄如前面所述：

```
sqr = @(x) x.^2;
```

即给函数 x.^2 创建了函数句柄。

函数句柄是一个标准的北太天元数据类型，用户可以在数组和结构体中使用它。

【例3-19】创建保存函数。

```
>>fun_handle = @ save
fun_handle =
  1x1 function_handle
    save
```

函数句柄的内容可以通过函数 functions 来显示，将会返回函数句柄对应的函数名、类型、文件类型以及加载方式。其中函数类型如表3-3所示。

表3-3　函数句柄的函数类型

函数类型	说　明
simple	未加载的 Baltam 内部函数、M 文件，或只在执行过程中才能用 type 函数显示内容的函数
subfunction	Baltam 子函数
private	Baltam 局部函数
constructor	Baltam 类的创建函数
overloaded	加载的 Baltam 内部函数或 M 文件

3.5.2　函数句柄的调用

函数句柄的调用比较简单，用户可以通过下例来掌握函数句柄的调用方法。

【例3-20】函数句柄的调用示例。

```
>> y=@ sin;                %创建函数句柄
>> z=y(pi/2)               %调用函数句柄
z =
     1
```

下面演示多输出变量情况下的函数句柄调用。

```
>>f = @(X) find(X);                    %find 用来查找矩阵中的非0元素
>>m=[3 2 0;-5 0 7;0 0 1]
m=
     3   2   0
    -5   0   7
     0   0   1
>>[ row col val ] = f(m);              %多输出变量情况下的函数句柄调用
>>val                                  %运行结果
val =
     3
    -5
     2
     7
     1
```

3.5.3 函数句柄的操作

北太天元提供了一些对函数句柄进行操作的函数，如表 3-4 所示。

表 3-4 函数句柄的操作

函数名	功能描述	函数名	功能描述
functions	返回函数句柄相关信息	load	从一个 M 文件中向当前工作空间调用函数句柄
func2str	根据函数句柄创建一个函数名的字符串	Isa	判断一个变量是否包含一个函数句柄
str2func	由一个函数名的字符串创建一个函数句柄	isequal	判断两个函数句柄是否为相同的句柄
save	从当前工作空间向 M 文件保存函数句柄		

【例 3-21】函数句柄调用示例，差值计算。

创建函数文件：

```
function f=test2(x,y)
  f=x-y;
end
```

创建 test 函数的函数句柄：

```
>>fhandle=@test2
fhandle =
  1x1 function_handle
    test2
```

调用该句柄：

```
>>feval(fhandle,4,3)
ans =
  1x1 double
  1
```

3.6 串演算函数

命令、表达式和语句是用户常用的编程计算形式。为了提高计算的灵活性，北太天元还提供了一种利用字符串进行计算的能力。利用字符串可以构成函数，可以在运行中改变所执行的命令。

3.6.1 eval()函数

eval()函数用来执行包含北太天元表达式的字符串，其调用语法如下：

eval(expression)：执行 expression 作为北太天元表达式指定的计算。expression 应该是有效的北太天元表达式，采用字符串格式。

[al, a2, a3,…] = eval('myfun(b1, b2, b3, .)'):执行函数 myfun(b1, b2, b,…)。b1, b2, b3,…为 myfun 的输入变量，最终输出指定变量到 a1, a2, a3,…。

【例 3-22】通过 eval()函数批量导入数据。

Ex_3_27. m

```
for d=1:5
    s = strcat("load('DATA", num2str(d), ". mat')");      %需要载入的文件名
    eval (s)
end
```

在这段程序中实现了批量导入数据的功能。在实际中，经常需要批量导入数据文件，在这些数据文件的名字中，有一部分是有规律地循环的，所以我们就可以将需要导入的文件名通过循环建立成字符串，然后通过 eval 函数分别执行。在这段程序中可以通过循环执行以下命令：

```
1oad DATA1. mat
1oad DATA2. mat
1oad DATA3. mat
1oad DATA4. mat
1oad DATA5. mat
```

【例 3-23】计算“语句”串，创建变量。

```
>>clear,t=pi/2;eval('theta=t * 2, y=sin(theta) ');who
theta =
  1x1 double
    3. 1416
y =
  1x1 double
    0. 0000
当前工作区变量有:
y   theta   t
```

【例 3-24】计算“合成”串。

```
func={ 'cos', 'sin', 'tan'};
for k=1:3
    theta=pi * k/3;
    y(k)=eval([ func{k},'(',num2str(theta),')' ]);
end
y =
  1x3 double
    0. 5000     0. 8660    -0. 0000
```

3. 6. 2　feval()函数

feval()函数执行输入函数所指定的运算。feval 函数的调用语法如下：

[y1, y2,…] = feval(function, x1,…,xn)：以 x1…xn 作为输入变量，执行函数 function。另外 function 也可以是函数句柄，但实际中一般没有必要将句柄代入 feval 函数再来运行。

```
[V,D] = eig (A)
[V,D] = feval (@eig, A)
```

上面两行代码的作用是一样的。

在一些情况下，既可以使用 eval 函数，也可以使用 feval 函数。在这样的情况下，建议用户使用 feval 函数，因为 feval 函数的运行效率比 eval 函数高。

通常在编写输入变量为函数名或者函数句柄的函数文件时需要使用 feval 函数，因为这样才可以在文件中调用作为变量输入的函数。下面举例说明。

【例 3-25】 feval( ) 函数在 fminbnd( ) 函数中的使用示例。

```
function[xf, fval, exitflag, output] =fminbnd(funfcn, ax, bx, options, varargin)
%具体的函数文件略
fx = feval (funfcn,x,varargin{:});   %执行作为变量输入的 funfcn 函数
```

3.7 程序调试和优化

和其他编程语言一样，在使用北太天元编写 M 文件时，遇到错误（bug）是在所难免的，尤其是在比较大规模代码开发或者多人合作开发的情况下。因此，掌握程序调试的方法和技巧，对提高工作效率是很重要的。

一般来讲，程序代码的错误主要分为语法错误和逻辑错误两种。其中，语法错误通常包括变量名和函数名的误写、变量访问类似出错、标点符号缺失和 end 等关键词的漏写等。对于这类错误，北太天元会在编译运行时发现，并给出错误信息，用户很容易发现这类错误。而且与逻辑错误相比，这种错误也是比较容易修改的。

对于逻辑错误，情况相对而言比较复杂，处理起来也比较困难。逻辑错误一般会涉及理论公式和程序代码是否一致，还涉及编程人员对算法的理解是否正确，对北太天元编程语言和机理的理解是否深入。逻辑错误的表现形态也比较多，如程序运行正常但是结果异常，或者程序代码不能正常运行而中断等。逻辑错误相对于语法错误而言，更难查找错误原因，此时就需要使用工具来帮助完成程序的调试和优化。

对于一般的错误，我们可以直接调试。

（1）经过分析，将重点怀疑语句或者命令行后面的分号去掉，使得运算结果显示在命令窗口，为调试提供依据。

（2）在可能有问题的语句附近，添加显示某些关键变量值的语句，通过查看这些关键变量的值来确定哪里发生了错误。

（3）在程序的适当位置添加断点，当北太天元执行到相应的程序代码时会暂停执行，同时在命令窗口显示 K≫提示符且软件左下角显示“‖”，用户可以查看或者修改变量的数值。在提示符后面输入 return 命令之后，系统会返回程序代码，继续执行原文件。

当程序比较复杂时，可利用调试器窗口或者命令行窗口进行深入的调试。

3.8 习　　题

1. M 脚本文件和函数文件的区别主要有哪些方面？

2. M 函数文件的组成特点是什么？

3. 主函数与子函数的区别有哪些方面？

4. 局部变量与全局变量的区别有哪些方面？如何定义全局变量？

5. 分别写出用 for 和 while 循环语句计算 $S=\sum_{k=0}^{58} 3^k = 1 + 3 + 3^2 + 3^3 + \cdots + 3^{58}$ 的程序。

6. 编写一个函数文件，使它具有如下性质：输入一个字符，若为大写字母，则输出其对应的小写字母；若为小写字母，则输出对应的大写字母；若为数字字符，则输出其对应的数值；若为其他字符，则原样输出。

7. 利用 if 语句计算 $f(x)=\begin{cases} x^2+1, & x>1 \\ 2x, & 0<x\leqslant 1 \\ x^3, & x\leqslant 0 \end{cases}$ 的 $f(2)$，$f(0.5)$，$f(-1)$。

第4章　北太天元数值计算

本章导读

本章主要讨论数值计算中的若干问题，如因式分解、特征值的求解、数据统计、积分、曲线拟合、傅里叶变换以及微分方程求解。本章的重点在于如何使用北太天元软件进行常用的数值计算。至于相应的计算原理，本书因篇幅有限不再赘述，读者可参阅相关书籍。本章各节没有依从关系，读者无须按照章节顺序进行阅读，可结合自身的实际需要自行选择相关的内容进行阅读。

学习目标

（1）掌握因式分解、数据统计等及其实现方法。
（2）掌握傅里叶变换的基本原理和实现方法。
（3）了解微分方程求解的原理及实现方法。

4.1　因式分解

本节介绍线性代数的一些基本操作，包括行列式、逆、秩、LU分解、QR分解及范数等。其中LU分解和QR分解都是使用对角线上方或者下方的元素均为0的三角矩阵进行计算。使用三角矩阵表示的线性方程组，通过向前或者向后置换可以很容易地得出结果。

4.1.1　行列式、逆和秩

本节主要介绍用以下命令求矩阵A的行列式、逆和矩阵的秩等。

- det(A)：求方阵A的行列式。
- inv(A)：求方阵A的逆矩阵。如果A是奇异矩阵或者近似奇异矩阵，则会给出一个错误。
- pinv(A)：求矩阵A的伪逆。如果A是m×n的矩阵，则伪逆的维数为n×m。对于非奇矩阵A来说，有pinv(A)=inv(A)。
- rank(A)：求矩阵A的秩，即A中线性无关的行数和列数。
- trace(A)：求矩阵A的迹，即A中对角线元素之和。

【**例 4-1**】求方阵 A 的行列式。

首先在北太天元命令窗口下中创建矩阵 A1、A2、A3。

```
>> A1=[1 2;3 4]              %创建矩阵 A1
A1 =
     1   2
     3   4
>> A2=[1 2;4 8]              %创建矩阵 A2
A2 =
     1   2
     4   8
>> A3=[1 2 3;4 5 6]          %创建矩阵 A3
A3 =
     1   2   3
     4   5   6
```

然后使用 det 分别对矩阵 A1、A2、A3 求取行列式。

```
>> det(A1)
ans =
  -2
>> det(A2)
ans =
       0
>> det(A3)
```

在输入 det(A3)后程序显示错误：

函数 det 求值出错：输入参数必须为方阵

函数执行中显示错误信息，请反馈给开发团队。本例中，在求解矩阵 A3 的行列式时报错，是因为 A3 不是方阵。

【**例 4-2**】求解矩阵的逆。

```
>> inv1=inv(A1)                    %求 A1 的逆
inv1 =
      -2.0000       1.0000
       1.5000      -0.5000
>> inv2=inv(A2)                    %求 A2 的逆
inv2 =
         inf          inf
         inf          inf
```

inv(A2)执行完之后得出的结果表明：A2 是奇异矩阵，没有逆。

```
>> inv3=inv(A3)                    %求 A3 的逆矩阵
```

在输入 det(A3)后程序显示错误：

错误使用 inv,矩阵必须为方阵

在此，需要注意非方阵是没有逆的，并且对于奇异矩阵逆的求解会提示报错。

【例 4-3】求矩阵逆的其他示例。

```
>> detinv1=det(inv(A1))
detinv1 =
   -0.5000
>> 1/det(A1)                          %A1 的逆矩阵行列式等于 1/det(A1)
ans =
   -0.5000
>> A1^(-1)                            %逆矩阵快速使用
ans =
   -2.0000    1.0000
    1.5000   -0.5000
>> A1^-1                              %逆矩阵快速使用
ans =
   -2.0000    1.0000
    1.5000   -0.5000
```

从例 4-3 可以看出，A1 的逆矩阵行列式等于 1/det(A1)，并且求解逆的矩阵只能为方阵。利用 A^(-1)或者 A^-1 可以快速求出方阵的逆。

【例 4-4】求解矩阵的伪逆。

```
>> pinv1=pinv(A1)                    %A1 矩阵的逆与其伪逆相同
pinv1 =
   -2.0000    1.0000
    1.5000   -0.5000
>> pinv2=pinv(A2)
pinv2 =
    0.0118    0.0471
    0.0235    0.0941
>> pinv3=pinv(A3)
pinv3 =
   -0.9444    0.4444
   -0.1111    0.1111
    0.7222   -0.2222
```

由例 4-4 可以看出，A1 矩阵的逆矩阵和它的伪逆是一致的。虽然 A2 与 A3 不是方阵，无法求解 A2、A3 的逆，但是可以求这两个矩阵的伪逆。同时 pinv 支持 pinv(A, tol)，可以利用 tol 设置误差，pinv 计算伪逆期间将小于 tol 的奇异值视为零。

【例 4-5】求解矩阵的秩。

```
>> rank1=rank(A1)
rank1 =
   2
```

```
>> rank2=rank(A2)
    rank2 =
       1
>> rank3=rank(A3)
    rank3 =
       2
>> rank_1=rank(A1')
    rank_1 =
       2
>> rank_2=rank(A2')
    rank_2 =
       1
>> rank_3=rank(A3')
    rank_3 =
       2
```

从例 4-5 可以看出，矩阵的秩和其转置的秩相同。同时 rank(A,tol)可以利用 tol 设置误差，秩计算结果为 A 中大于 tol 的奇异值的个数。

通过上面几个实例，可以总结以下规律。

（1）只有方阵的行列式才有意义。

（2）只有方阵的逆才有意义，但如果方阵的行列式为 0，则该方阵不存在逆矩阵。

（3）如果方阵的逆矩阵存在，则它的逆和伪逆相同。

（4）如果方阵的逆矩阵存在，则它的逆矩阵的行列式 det(A^{-1})等于 1/det(A)。

（5）矩阵的秩和它的转置矩阵的秩相同。

（6）实数矩阵的行列式和它的转置矩阵的行列式相同。

4.1.2　Cholesky 因式分解

如果矩阵 $\boldsymbol{A}$ 为 n 阶对称正定矩阵，则存在一个对角元素为正数的下三角实矩阵 $\boldsymbol{L}$，使得：当限定 $\boldsymbol{L}$ 的对角元素为正时，这种分解是唯一的，称为 Cholesky 分解。在北太天元中，Cholesky 分解由函数 chol 实现，该函数要求输入的矩阵是正定的。

【例 4-6】 对矩阵 $\boldsymbol{A}$ 进行 Cholesky 因式分解。

```
>> A=[1 1 1 1;1 2 3 4;1 3 6 10;1 4 10 20]    %定义矩阵 A
A =
        1     1     1     1
        1     2     3     4
        1     3     6    10
        1     4    10    20
>> R=chol(A)                                  %对矩阵 A 进行 Cholesky 因式分解
R =
        1     1     1     1
```

```
        0     1     2     3
        0     0     1     3
        0     0     0     1
>> R' * R                                       %验证 A=R' * R
ans =
        1     1     1     1
        1     2     3     4
        1     3     6    10
        1     4    10    20
```

例 4-6 可以看出在北太天元中对称正定矩阵 **A** 可被分解为 **R′ ∗ R**，**R′**为矩阵 **R** 的转置矩阵。

4.1.3 LU 因式分解

矩阵的 LU 分解又称矩阵的三角分解，它的目的是将一个矩阵分解成一个下三角矩阵 **L** 和一个上三角矩阵 **U** 的乘积，即 **A=LU**，需要注意的是使用这种分解法得到的上下三角阵 **L** 和 **U** 并不是唯一的。LU 分解在解线性方程组、求矩阵的逆等计算中有着重要的作用。在北太天元中，实现 LU 分解的命令是 lu，使用方法如下：

X = lu(A)：将稠密矩阵 A 进行列主元 LU 分解，即 PA = LU。

[L,U] = lu(A)：将矩阵 A 分解为一个上三角矩阵 U 和一个经过置换的下三角矩阵 L，使得 A= L * U。

[L,U,P] = lu(A)：返回一个置换矩阵 P，并满足 A = P' * L * U。在此语法中，L 是单位下三角矩阵，U 是上三角矩阵。

[L,U,P] = lu(A,outputForm)：以 outputForm 指定的格式返回 P。将 outputForm 指定为'vector'会将 P 返回为一个置换向量，并满足 A(P,:) = L * U。

【例 4-7】 对矩阵 **A** 进行 LU 分解示例 1。

给出矩阵：$A=\begin{bmatrix}2 & 7 & 4\\2 & 1 & 4\\8 & 1 & 2\end{bmatrix}$

```
>>A=[2 7 4;2 1 4;8 1 2];                          %定义矩阵 A
>> X=lu(A)
X =
     8.0000     1.0000     2.0000
     0.2500     6.7500     3.5000
     0.2500     0.1111     3.1111
>>[L,U]=lu(A)                                     %对 A 进行 LU 分解
L =
     0.2500     1.0000     0.0000
     0.2500     0.1111     1.0000
     1.0000     0.0000     0.0000
```

```
U =

    8.0000    1.0000    2.0000
    0.0000    6.7500    3.5000
    0.0000    0.0000    3.1111
>> L * U                                              %验证 A=L * U
ans =
    2    7    4
    2    1    4
    8    1    2
```

例 4-7 将矩阵 ***A*** 分解为下三角矩阵的变换形式 ***L*** 和上三角矩阵 ***U***，并且验证了 ***A***=***L*** * ***U***。

【例 4-8】 对矩阵 ***A*** 进行 LU 分解示例 2。

```
>> [L,U,P]=lu(A)
L =
    1.0000    0.0000    0.0000
    0.2500    1.0000    0.0000
    0.2500    0.1111    1.0000
U =
    8.0000    1.0000    2.0000
    0.0000    6.7500    3.5000
    0.0000    0.0000    3.1111
P =
    0    0    1
    1    0    0
    0    1    0
>> P * A
ans =
    8    1    2
    2    7    4
    2    1    4
>>L * U                               %验证 P * A=L * U
ans =
    8    1    2
    2    7    4
    2    1    4
```

例 4-8 通过置换矩阵 ***P*** 的作用，将 ***P*** * ***A*** 分解为下三角矩阵 ***L*** 和上三角矩阵 ***U***，并且验证了 ***P*** * ***A***=***L*** * ***U***。

【例 4-9】对矩阵 A 进行 LU 分解示例 3。

```
>> [L,U,P]=lu(A,'vector')                %将P矩阵以向量方式存储
L =
    1.0000    0.0000    0.0000
    0.2500    1.0000    0.0000
    0.2500    0.1111    1.0000
U =
    8.0000    1.0000    2.0000
    0.0000    6.7500    3.5000
    0.0000    0.0000    3.1111
P =
    3    1    2
>> A(P,:)
ans =
    8    1    2
    2    7    4
    2    1    4
>> L*U
ans =

    8    1    2
    2    7    4
    2    1    4
```

例 4-9 将 outputForm 设置为'vector'，即将 P 设置为转置向量，验证了 $A(P,:)=L*U$。

【例 4-10】矩阵 A 的 LU 分解示例 4。已知 $A=\begin{bmatrix}4&2&5\\19&6&-3\\7&5&1\end{bmatrix}$，$B=\begin{bmatrix}-4&9&1\\3&1&8\\10&2&6\end{bmatrix}$，$A*X=B$。求 X。

```
>> A=[4 2 5;19 6 -3;7 5 1];
>> B=[-4 9 1;3 1 8;10 2 6];
>> [L,U]=lu(A);
>> X=U\(L\B)
X =
   -1.3941    0.5204   -0.0409
    4.2268   -0.6580    1.3160
   -1.3755    1.6468   -0.2937
>> A*X
        ans =
```

```
   -4.0000      9.0000      1.0000
    3.0000      1.0000      8.0000
   10.0000      2.0000      6.0000
```

根据计算结果与题中给出的 **B** 矩阵，验证了 **A** * **X**=**B**。

4.1.4　QR 因式分解

如果 **A** 是正交矩阵，那么它满足 **A'A**=**E**。二维坐标旋转变换矩阵就是一个简单的正交矩阵：

$$\begin{pmatrix} \cos\theta & \sin\theta \\ -\sin\theta & \cos\theta \end{pmatrix}$$

矩阵的正交分解又称作 QR 分解，是将矩阵分解成一个单位正交矩阵和上三角形矩阵。假设 **A** 是 $m \times n$ 的矩阵，那么 **A** 就可以分解成

$$\boldsymbol{A}=\boldsymbol{QR}$$

其中 **Q** 是一个正交矩阵，**R** 是一个维数和 **A** 相同的上三角矩阵，因此 **Ax**=**B** 可以表示为 **QRx**=**B** 或者等同于 **Rx**=**QB**。这个方程组的系数矩阵是上三角的，因此容易求解。

在北太天元中，实现矩阵 QR 分解的命令是 qr，使用方法如下：

X=qr(A)：QR 分解 A=Q * R 的上三角 R 因子。如果 A 为满矩阵，则 R=triu(X)。

[Q,R]=qr(A)：对 $m \times n$ 矩阵 A 执行 QR 分解，满足 A=Q * R。因子 R 是 $m \times n$ 上三角矩阵，因子 Q 是 $m \times m$ 正交矩阵。

[Q,R,P]=qr(A)：在上述基础之上返回一个置换矩阵 P，满足 A * P=Q * R。

[___]=qr(A,0)：使用上述任意输出参数组合进行精简分解。输出的大小取决于 $m \times n$ 矩阵 A 的大小：

（1）如果 $m>n$，则 qr 仅计算 Q 的前 n 列和 R 的前 n 行。

（2）如果 $m \leqslant n$，则精简分解与常规分解相同。

（3）如果指定第三个输出参数 P，则它将以置换向量形式返回，满足 A(:,P)=Q * R。

[Q,R,P]=qr(A,outform)：指定输出 P 的存储方式：

（1）outform 为 'matrix' 时，P 为置换矩阵，即满足 A * P=Q * R。

（2）outform 为 'vector' 时，P 为置换向量，即满足 A(:,P)=Q * R。

（3）outform 的默认值为 'matrix'

【例 4-11】 QR 分解示例。

```
>> A=rand(3)                          %取随机矩阵 A
A =
      0.2223      0.4499      0.0993
      0.3865      0.6131      0.9698
      0.9026      0.9023      0.6531
>> X=qr(A)                            %X 为 QR 分解后的上三角 R 因子
X =
     -1.3418     -1.0125     -0.3415
```

```
    0.4364      0.4788      0.0971
    0.4435      0.6604      0.2001
>>[Q,R]=qr(A)
Q =
   -0.4418      0.8351      0.3276
   -0.6292     -0.0282     -0.7767
   -0.6394     -0.5493      0.5380
R =
   -1.3418     -1.0125     -0.3415
    0.0000      0.4788      0.0971
    0.0000      0.0000      0.2001
>> Q*R                                %验证 A=Q*R
ans =
   0.2223      0.4499      0.0993
   0.3865      0.6131      0.9698
   0.9026      0.9023      0.6531
>>[Q,R,P]=qr(A)
Q = ...                               %节省篇幅,与上一命令行结果 Q 值相同
R = ...                               %节省篇幅,与上一命令行结果 R 值相同
P =
  3x3 int32
    1   0   0
    0   1   0
    0   0   1
>> A*P
    ans =
      3x3 double
          0.4499      0.0993      0.2223
          0.6131      0.9698      0.3865
          0.9023      0.6531      0.9026
    >> Q*R                            %验证 A*P=Q*R
    ans =
      3x3 double
          0.4499      0.0993      0.2223
          0.6131      0.9698      0.3865
          0.9023      0.6531      0.9026
```

例 4-11 利用 QR 分解，求解线性方程组的解。

【例 4-12】 利用 QR 分解，求解线性方程组的解。求解 $\boldsymbol{A}*\boldsymbol{X}=\boldsymbol{B}$。其中，$\boldsymbol{A}=$

$\begin{bmatrix}1&4&3\\4&2&5\\1&7&3\end{bmatrix}$，$\boldsymbol{B}=\begin{bmatrix}3\\8\\9\end{bmatrix}$。通过 $\boldsymbol{A}$ 的 QR 分解计算 $\boldsymbol{R}\backslash\boldsymbol{Q}'*\boldsymbol{B}$ 来求解 $\boldsymbol{X}$。具体过程如下：

```
>>A=[1 4 3;4 2 5;1 7 3];
>>[Q,R]=qr(A)
Q =
    -0.2357    0.4209   -0.8760
    -0.9428   -0.3176    0.1011
    -0.2357    0.8497    0.4717
R =
    -4.2426   -4.4783   -6.1283
     0.0000    6.9960    2.2235
     0.0000    0.0000   -0.7075
>> B=[3;8;9];
>> X=R\Q'*B
X =
     5.2857
     2.0000
    -3.4286
>> A\B
ans =
     5.2857
     2.0000
    -3.4286
```

4.1.5　范数

范数是数值分析中的一个概念，它是向量或矩阵大小的一种度量，在工程计算中有着重要的作用。对于向量，常用的向量范数有以下几种：

（1）$\boldsymbol{x}$ 的∞-范数：$\|\boldsymbol{x}\|_\infty=\max\limits_{1\leqslant i\leqslant n}|x_i|$。

（2）$\boldsymbol{x}$ 的 1-范数：$\|\boldsymbol{x}\|_1=\sum\limits_{i=1}^{n}|x_i|$。

（3）$\boldsymbol{x}$ 的 2-范数（欧氏范数）：$\|\boldsymbol{x}\|_2=(x_T x)^{\frac{1}{2}}=\left(\sum\limits_{i=1}^{n}x_i^2\right)^{\frac{1}{2}}$。

（4）$\boldsymbol{x}$ 的 p-范数：$\|\boldsymbol{x}\|_p=\left(\sum\limits_{i=1}^{n}|x_i|^p\right)^{\frac{1}{p}}$。

对于矩阵，常用的矩阵范数有以下几种。

（1）$\boldsymbol{A}$ 的行范数（∞-范数）：$\|\boldsymbol{A}\|_\infty=\max\limits_{1\leqslant i\leqslant m}\sum\limits_{j=1}^{n}|a_{ij}|$。

（2）$\boldsymbol{A}$ 的列范数（1-范数）：$\|\boldsymbol{A}\|_1=\max\limits_{1\leqslant j\leqslant n}\sum\limits_{i=1}^{m}|a_{ij}|$。

(3) A 的欧几里得范数（2-范数）：$\|A\|_2=\sqrt{\lambda_{\max}(A^{\mathrm{T}}A)}$，其中 $\lambda_{\max}(A^{\mathrm{T}}A)$ 表示 $A^{\mathrm{T}}A$ 的最大特征值。

(4) A 的 Forbenius 范数（F-范数）：$\|A\|_{\mathrm{F}}=\left(\sum\limits_{i=1}^{m}\sum\limits_{j=1}^{n}a_{ij}^2\right)\frac{1}{2}=\mathrm{trace}(A^{\mathrm{T}}A)\ \frac{1}{2}$。

在北太天元中，向量 $\boldsymbol{v}$ 和矩阵 $\boldsymbol{X}$ 的范数的求解方法是 norm，使用方法如下：

n=norm(v)：返回向量 v 的欧几里得范数（2-范数）；或者返回矩阵的 2-范数或最大奇异值，该值近似于 max(svd(X))。

n=norm(v,p)：若 v 为向量，则返回广义 p-范数（p 可以是任意正实数或'inf'，'-inf'）。若 v 为矩阵，则返回矩阵 X 的 p-范数，其中 p 为 1,2,'inf'，p=1 时，n 是矩阵的最大绝对值列之和；p=2 时，n 近似于 max(svd(X))，与 norm(X)等效，svd 为奇异值分解；p='inf'时，n 是矩阵的最大绝对行之和。

n=norm(X,'fro')：求解矩阵 X 的 F-范数。

【例 4-13】 使用 norm 求解向量的范数。

```
>> x=[1 2 3 4]
x =
  1x4 double
  1    2    3    4
>> norm1=norm(x)                          %向量的 2-范数
norm1 =
     1x1 double
          5.4772
>> norm2=norm(x,1)                        %向量的 1-范数
norm2 =
     1x1 double
          10
>> norm3=norm(x,inf)                      %向量的∞-范数
norm3 =
     1x1 double
          4
>> norm4=norm(x,4)                        %向量的 p-范数
     norm4 =
        1x1 double
          4.3376
>> norm5=norm(x,-inf)                     %向量绝对值最小值
     norm5 =
        1x1 double
     1
```

【例 4-14】 使用 norm 求解矩阵的范数。

```
>> A=[1 2;3 4]
```

```
A =
  2x2 double
    1   2
    3   4
>> norm1=norm(A)                %矩阵A的2-范数,即最大奇异值
norm1 =
  1x1 double
    5.4650
>> norm2=norm(A,1)              %矩阵A的1-范数,即最大绝对值列之和
norm2 =
  1x1 double
    6
>> norm3=norm(A,2)              %矩阵A的2-范数
norm3 =
  1x1 double
    5.4650
>> norm4=norm(A,inf)            %求解矩阵A的p-范数
norm4 =
  1x1 double
    7
>> norm5=norm(A,'fro')          %求解矩阵A的F-范数
norm5 =
  1x1 double
5.4772
```

4.2　矩阵特征值和奇异值

设 $\boldsymbol{A}$ 是 n 阶方阵，如果存在数 m 和非零 n 维列向量 $\boldsymbol{x}$，使得 $\boldsymbol{Ax}=m\boldsymbol{x}$ 成立，则称 m 是矩阵 $\boldsymbol{A}$ 的一个特征值，向量 $\boldsymbol{x}$ 是矩阵 $\boldsymbol{A}$ 的特征向量。由 $\boldsymbol{Ax}=m\boldsymbol{x}$ 可推出 $(\boldsymbol{A}-m\boldsymbol{E})\boldsymbol{x}=0$，其中 $\boldsymbol{E}$ 为 n 阶单位矩阵，若 $\boldsymbol{x}$ 为非零解，那么 $|\boldsymbol{A}-m\boldsymbol{E}|=0$。因为 $\boldsymbol{A}$ 为 n 阶方阵，所以对于方程 $|\boldsymbol{A}-m\boldsymbol{E}|$ 会有 n 个根，即 n 个特征值，每一个特征值对应无穷多个特征向量。

4.2.1　特征值和特征向量的求取

特征值和特征向量在科学研究和工程计算中的应用非常广泛。在北太天元中，计算矩阵 $\boldsymbol{A}$ 的特征值和特征向量的函数是 eig，具体调用格式如下：

e=eig(A)：返回方阵 A 的特征值组成的向量。

[V,D]=eig(A)：返回特征值的对角矩阵 D、右特征（列）向量组成的矩阵 V，其中 A * V=V * D。

[V,D,W]=eig(A)：返回特征值的对角矩阵 D、右特征（列）向量组成的矩阵 V

和左特征（列）向量组成的矩阵 W，其中 W' * A=D * W'。

e=eig(A,B)：返回方阵 A 和 B 的广义特征值组成的对角矩阵。

[V,D]=eig(A,B)：返回广义特征值的对角矩阵 D、右特征（列）向量组成的矩阵 V，其中 A * V=B * V * D。

[V,D,W]=eig(A,B)：返回广义特征值的对角矩阵 D、右特征（列）向量组成的矩阵 V 和左特征（列）向量组成的矩阵 W，其中 W' * A=D * W' * B。

【例 4-15】 求解矩阵特征值和特征向量简单示例。

```
>> A=[1 2 3;3 2 1;2 1 3]
A =
    3x3 double
      1    2    3
      3    2    1
      2    1    3
>> e=eig(A)
e =
    3x1 double
    6.0000
    -1.4142
    1.4142
>> [V,D]=eig(A)
V =
    3x3 double
      -0.5774    -0.7642    -0.0215
      -0.5774     0.6106    -0.8332
      -0.5774     0.2079     0.5525
D =
    3x3 double
      6.0000     0.0000     0.0000
      0.0000    -1.4142     0.0000
      0.0000     0.0000     1.4142
>> A * V-V * D                                  %验证 A * V=V * D
ans =
    3x3 double
      0.0000     0.0000    -0.0000
      0.0000     0.0000     0.0000
      0.0000     0.0000     0.0000
```

4.2.2 奇异值分解

奇异值分解是线性代数中一种重要的矩阵分解，奇异值分解则是特征分解在任意矩阵上的推广。在信号处理、统计学等领域有重要应用。

如果存在两个向量 $\boldsymbol{u}$、$\boldsymbol{v}$ 及一个常数 s，使得矩阵 $\boldsymbol{A}$ 满足

$$\boldsymbol{Av}=s\boldsymbol{u}$$

$$\boldsymbol{A}'\boldsymbol{u}=s\boldsymbol{v}$$

则称 s 为奇异值，称 $\boldsymbol{u}$、$\boldsymbol{v}$ 为奇异向量。

将奇异值写成对角方阵 $\boldsymbol{S}$，而相对应的奇异向量作为列向量，则可写成两个正交矩阵 $\boldsymbol{U}$、$\boldsymbol{V}$，使得

$$\boldsymbol{AV}=\boldsymbol{US}$$

$$\boldsymbol{A}'\boldsymbol{U}=\boldsymbol{VS}$$

因为 $\boldsymbol{U}$、$\boldsymbol{V}$ 正交，所以可得奇异值的表达式为

$$\boldsymbol{A}=\boldsymbol{USV}'$$

一个 m 行 n 列的矩阵 $\boldsymbol{A}$ 经奇异值分解，可求得 m 行 m 列的矩阵 $\boldsymbol{U}$，m 行 n 列的矩阵 $\boldsymbol{S}$，n 行 n 列的矩阵 $\boldsymbol{V}$。

在北太天元中，奇异值分解的函数是 svd，具体使用方法如下：

[U,S,V]=svd(A)：返回矩阵 A 的奇异值分解，A=U * S * V'。

[U,S,V]=svd(A,"econ")：返回矩阵 A 的精简分解。$m>n$ 时，只计算 $\boldsymbol{U}$ 的前 n 列，S 是一个 $n\times n$ 矩阵；$m=n$ 时，svd(A,"econ")等效于 svd(A)；$m<n$ 时，只计算 V 的前 m 列，S 是一个 $m\times m$ 矩阵。

[U,S,V]=svd(A,0)：返回矩 A 的另一种精简分解。$m>n$ 时，svd(A,0)等效于 svd(A,"econ")；$m\leqslant n$ 时，svd(A,0)等效于 svd(A)。

【例 4-16】 奇异值分解示例。

```
>> A=[6 1 8;7 5 3;2 9 4]
A =
    3×3 double
      6   1   8
      7   5   3
      2   9   4
>>[U,S,V]=svd(A)
U =
    3×3 double
      -0.5774    0.7071    0.4082
      -0.5774   -0.0000   -0.8165
      -0.5774   -0.7071    0.4082
S =
    3×3 double
      15.0000    0.0000    0.0000
       0.0000    6.9282    0.0000
       0.0000    0.0000    3.4641
V =
```

```
     3×3 double
        -0.5774    0.4082   -0.7071
        -0.5774   -0.8165    0.0000
        -0.5774    0.4082    0.7071
>> U * S * V'                                          %验证结果
ans =
     3×3 double
     6.0000    1.0000    8.0000
     7.0000    5.0000    3.0000
     2.0000    9.0000    4.0000
```

【例 4-17】精简分解示例。

```
>> A = [1 2; 3 4; 5 6; 7 8]
A =
     4×2 double
        1    2
        3    4
        5    6
        7    8
>>[U,S,V] = svd(A)
U =
     4×4 double
        -0.1525   -0.8226   -0.3945   -0.3800
        -0.3499   -0.4214    0.2428    0.8007
        -0.5474   -0.0201    0.6979   -0.4614
        -0.7448    0.3812   -0.5462    0.0407
S =
     4×2 double
        14.2691    0.0000
         0.0000    0.6268
         0.0000    0.0000
         0.0000    0.0000
V =
     2×2 double
        -0.6414    0.7672
        -0.7672   -0.6414
>>[U,S,V] = svd(A,'econ')
U =
     4×2 double
        -0.1525   -0.8226
```

```
    -0.3499   -0.4214
    -0.5474   -0.0201
    -0.7448    0.3812
S =
  2×2 double
    14.2691    0.0000
     0.0000    0.6268
V =
  2×2 double
    -0.6414    0.7672
    -0.7672   -0.6414
>>[U,S,V] = svd(A,0)
U =
  4×2 double
    -0.1525   -0.8226
    -0.3499   -0.4214
    -0.5474   -0.0201
    -0.7448    0.3812
S =
  2×2 double
  14.2691    0.0000
   0.0000    0.6268
V =
  2×2 double
  -0.6414    0.7672
   0.7672   -0.6414
```

例 4-17 可以看出精简分解从奇异值 s 的对角矩阵 $\boldsymbol{S}$ 中删除多余的零行或零列，以及 $\boldsymbol{U}$ 或 $\boldsymbol{V}$ 中的列，这些列将表达式 $\boldsymbol{A}=\boldsymbol{U}*\boldsymbol{S}*\boldsymbol{V}'$ 中的这些零相乘。删除这些零和列可以缩短执行时间并降低存储要求，而不会影响分解的准确性。

4.3　概率和统计

北太天元不仅提供有强大的矩阵运算功能，在线性代数方面有广阔的应用，而且还能对大量的数据进行分析和统计，如求平均值、最大值、标准差等。

1. sum( )函数

sum( )函数用于求解向量和矩阵某列元素的和，调用方法如下：

S=sum(A)：返回 A 沿大小不等于 1 的第一个数组维度的元素之和。如果 A 是向量，则 sum(A)返回元素之和；如果 A 是矩阵，则 sum(A)将返回包含每列总和的行向量。

S=sum(A,dim)：沿维度 dim 返回总和。例如，如果 A 为矩阵，则 sum(A,2)是包含每一行总和的列向量。

【**例 4-18**】sum()函数使用示例。

```
>> A=[1 2 3;4 5 6;7 8 9]
A =
    3x3 double
      1    2    3
      4    5    6
      7    8    9
>> sum(A(:,1))                    %求矩阵 A 第一列元素之和
ans =
    1x1 double
      12
>> sum(A)                         %求矩阵 A 每列元素的和
ans =
    1x3 double
      12    15    18
>> sum(A,1)                       %求矩阵 A 第一维度的和,即每列元素的和
ans =
    1x3 double
    12    15    18
>> sum(A,2)                       %求矩阵 A 每行元素的和
ans =
    3x1 double
      6
      15
      24
```

2. cumsum()函数

cumsum()函数用于求矩阵或向量的累计和，调用方法如下：

S=comsum(A)：cumsum(A)返回 A 沿大小不等于 1 的第一个数组维度的元素累积和。如果 A 为向量，则 cumsum(A)返回元素累积和；如果 A 为非空矩阵，则 cumsum(A)将返回包含每列累积和的行向量；如果 A 为空矩阵，cumsum(A)返回相同类型空矩阵。

S=comsum(A,dim)：沿维度 dim 返回累积和。例如，如果 A 为矩阵，则 cumsum(A,2)是包含每一行累积和的列向量。

【**例 4-19**】comsum()函数使用示例。

```
>> cumsum(1:4)
ans =
    1×4 double
    1     3     6    10
```

```
>> A=[1 2 3;4 5 6]
A =
    2×3 double
       1    2    3
       4    5    6
>> cumsum(A,1)
ans =
    2×3 double
       1    2    3
       5    7    9
>> cumsum(A,2)
ans =
    2×3 double
       1    3     6
       4    9    15
```

由例 4-19 可以发现，cumsum( )函数用于在某一个维度上进行累加。

3. prod( )函数

prod( )函数用于求矩阵元素的积，其调用方法如下：

S=prod(A)：返回 A 第一个数组维度的元素乘积。如果 A 是向量，则 prod(A)返回元素乘积；如果 A 是非空矩阵，则 prod(A)返回一个包含每列乘积的行向量；如果 A 为 0×0 空矩阵，则 prod(A)返回 1。

S=prod(A,dim)：沿维度 dim 返回乘积向量。例如，如果 A 为矩阵，则 prod(A,2)是包含每一行乘积的列向量。

【例 4-20】 prod( )函数使用示例。

```
>> A=[true false;true true]                %创建逻辑数组
A =
    2×2 logical
       1    0
       1    1
>> prod(A)
ans =
    1×2 double
    1    0
>> B=[1 2;3 4]
B =
    2×2 double
       1    2
       3    4
>> prod(B)
```

```
ans =
    1×2 double
    3    8
>> prod(B,2)
ans =
    2×1 double
    2
    12
```

4. cumprod( )函数

cumprod( )函数用来求矩阵或向量的累积乘积，调用方法如下：

S=cumprod(A)：返回A沿大小不等于1的第一个数组维度的元素累积乘积。如果A为向量，则cumprod(A)返回元素累积乘积；如果A为非空矩阵，则cumprod(A)将返回包含每列累积乘积的行向量；如果A为空矩阵，cumprod(A)返回相同类型空矩阵。

S=cumprod(A,dim)：沿维度dim返回累积乘积。例如，如果A为矩阵，则cumprod(A,2)是包含每一行累积乘积的列向量。

【例4-21】cumprod( )函数使用示例。

```
>> cumprod(1:4)
ans =
    1×4 double
    1     2     6     24
>> A=[1 2;3 4]
A =
    2×2 double
      1    2
      3    4
>> cumprod(A)
ans =
    2×2 double
      1    2
      3    8
>> cumprod(A,2)
ans =
    2×2 double
      1      2
      3      12
```

由例4-21可以发现，cumprod( )函数用于在某一个维度上进行累积乘积。

5. sort( )函数

sort( )函数用于对矩阵元素按升序或者降序进行排序，调用方法如下：

B=sort(A)：按升序对A中的元素进行排序。如果A是向量，则sort(A)对向量元素进行排序；如果 A 是矩阵，则 sort(A)会将 A 的列视为向量并对每列进行排序。

B=sort(A,dim)：返回 A 沿维度 dim 的排序元素。维度参数必须为第二个参数。例如，如果 A 是一个矩阵，则 sort(A,2)对每行中的元素进行排序。

B=sort(___,direction)：使用上述任何语法返回按 direction 指定的顺序显示的 A 的有序元素。'ascend' 表示升序（默认值），'descend' 表示降序。

[B,I]=sort(___)：为上述任意语法返回一个索引向量的集合。I 的大小与 A 的大小相同，它描述了 A 的元素沿已排序的维度在 B 中的排列情况。例如，如果 A 是一个向量，则 B=A(I)。

【例 4-22】 sort()函数使用示例。

```
>> A=[123 -123 333]
A =
    1×3 double
    123   -123   333
>>[B,I]=sort(A)                   %排序并返回下标
B =
    1×3 double
    -123   123   333
I =
    1×3 double
    2   1   3
>> B=sort(A)
B =
    1×3 double
    -123   123   333
>> B=sort(A,1,"descend")          %第一维度即列方向进行排序
B =
    1×3 double
    123   -123   333
>> B=sort(A,2,"descend")          %第二维度即行方向进行排序
B =
    1×3 double
    333   123   -123
```

6. max()和 min()函数

max()和 min()函数分别用于求向量或者矩阵的最大或最小元素，它们的调用格式基本相同，这里以 max()函数为例进行说明。

Y=max(A)，[Y,I]=max(A)：如果 A 是一个向量时，Y 为 A 中的最大元素，I 为位置序号；如果 A 是一个矩阵时，Y 为由 A 的每一列的最大元素构成的向量，I 为每列中行序构成的向量。

Y=max(A, B)：返回一个与 A 或 B 同大小的向量或矩阵，其元素是 A 或 B 中的最

大元素。

Y=max(A,[ ],dim)，[Y,I]=max(A,[ ],dim)：如果 A 是一个矩阵，dim 为 1，则返回行向量，其元素为每一列的最大元素，I 为由每列最大元素所在行序构成的向量。如果 A 是一个矩阵，dim 为 2，则返回列向量，其元素为每一行的最大元素，I 为由每行最大元素所在列序构成的向量。

【例 4-23】max( )和 min( )函数示例。

```
>> A=rand(3)
A =
    3×3 double
      0.3682      0.8701      0.5205
      0.9572      0.4736      0.6789
      0.1404      0.8009      0.7206
>>B=rand(3)
B =
    3×3 double
    0.5820      0.1059      0.7369
    0.5374      0.4736      0.2166
    0.7586      0.1863      0.1352
>> max(A)                                  %求最大值
ans =
    1×3 double
      0.9572      0.8701      0.7206
>> min(A)                                  %求最小值
ans =
    1×3 double
      0.1404      0.4736      0.5205
>>[Y1,I1]=max(A)
Y1 =
    1×3 double
      0.9572      0.8701      0.7206
I1 =
    1×3 double
      2    1    3
>> max(A,B)                                %两个矩阵比较
ans =
    3×3 double
      0.5820      0.8701      0.7369
      0.9572      0.4736      0.6789
      0.7586      0.8009      0.7206
```

```
>>[Y2,I2]=min(A,[],2)              %求行最小值并返回下标
Y2 =
    3×1 double
      0.3682
      0.4736
      0.1404
I2 =
    3×1 double
      1
      2
      1
```

7. mean()函数

mean()函数用于求向量或矩阵的平均值，其调用方法如下：

S=mean(A)：返回 A 沿大小不等于 1 的第一个数组维度的元素的均值。如果 A 是向量，则 mean(A)返回元素的均值；如果 A 是矩阵，则 mean(A)将返回包含每列均值的行向量。

S=mean(A,dim)：沿维度 dim 返回均值。例如，如果 A 为矩阵，则 mean(A,2)是包含每一行总和的列向量的均值。

【例 4-24】 mean()函数使用示例。

```
>> A=reshape(1:9,3,3)
A =
    3×3 double
      1    4    7
      2    5    8
      3    6    9
>> mean(A)                       %列方向求平均数
ans =
    1×3 double
    2    5    8
>> mean(A,2)                     %行方向求平均数
ans =
    3×1 double
      4
      5
      6
```

8. median()函数

median()函数用于求向量或矩阵的中值，它是统计工具箱中的函数，其调用方法与 mean()函数类似，下面通过示例简要说明。

【例 4-25】 median()函数使用示例。

```
>> A=magic(3)
A =
    3×3 double
      6   1   8
      7   5   3
      2   9   4
>> median(A)
ans =
    1×3 double
    6   5   4
>> median(A,2)
ans =
    3×1 double
      6
      5
      4
```

9. std( )函数

标准差是离均差平方的算术平均数（即方差）的算术平方根。

对于总体标准差，计算公式如下：

$$\sigma = \sqrt{\frac{\sum_{i=1}^{n}(x_i - \mu)^2}{n}} \tag{4-1}$$

对于样本标准差，计算公式如下：

$$\sigma = \sqrt{\frac{\sum_{i=1}^{n}(x_i - \bar{x})^2}{n-1}} \tag{4-2}$$

在式（4-1）和式（4-2）中，n 为样本个数，x_i为第 i 个样本值，μ 为总体均值，$\bar{x}$为样本均值。

在北太天元中，使用 std( )函数计算标准差，其调用方法如下：

V=std(A)：返回 A 沿大小不等于 1 的第一个数组维度的元素的标准差。如果 A 是观测值向量，则 std(A)返回元素的标准差；如果 A 是矩阵，每列对应 1 个随机变量，各行为对应随机变量的观测值，则 std(A)返回一个行向量，元素为每列随机变量的标准差。

V=std(A,w)：在默认情况下，w=0，计算样本标准差；当 w=1 时，计算总体标准差。

V=std(A,w,dim)：沿维度 dim 返回标准差。

【**例 4-26**】std( )函数使用示例。

```
>> A=reshape(1:9,3,3)
A =
```

```
    3×3 double
      1    4    7
      2    5    8
      3    6    9
>>std(A)
ans =
    1×3 double
    1    1    1
>> std(A,1)
ans =
    1×3 double
    0.8165    0.8165    0.8165
>> std(A,0,2)
ans =
    3×1 double
      3
      3
      3
>> std(A,1,2)
ans =
    3×1 double
      2.4495
      2.4495
      2.4495
```

10. var( )函数

var( )函数用于求向量或矩阵中元素的方差。方差就是标准差的平方。var( )函数的调用方法如下：

V=var(A)：返回 A 沿大小不等于 1 的第一个数组维度的元素的方差。如果 A 是观测值向量，则 var(A)返回元素的方差；如果 A 是矩阵，每列对应 1 个随机变量，各行为对应随机变量的观测值，则 var(A)将返回一个行向量，元素为每列随机变量的方差。

V=var(A,w)：在默认情况下，w=0，计算样本方差；当 w=1 时，计算总体方差。

V=var(A,w,dim)：沿维度 dim 返回方差。

【例 4-27】 var( )函数使用示例。

```
>> A=[4 -7 3; 1 4 -2]
A =
    2×3 double
      4   -7    3
      1    4   -2
>> var(A)
```

```
ans =
     1×3 double
       4.5000    60.5000    12.5000
>> var(A,1)
ans =
     1×3 double
     2.2500    30.2500      6.2500
```

11. cov( )函数

协方差在概率论和统计学中用于衡量两个变量的总体误差。而方差是协方差的一种特殊情况，即当两个变量是相同的情况。其计算公式如下：

$$\mathrm{cov}(X,Y)=E[(X-E[X])(Y-E[Y])]$$

在上述公式中，X、Y 是两个随机变量，E 为数学期望。而在北太天元中，协方差计算公式如下：

$$\mathrm{cov}(X,Y)=\frac{1}{N-1}\sum_{i=1}^{N}(x_i-E(X))(yi-E(Y))$$

北太天元中，使用 cov( )函数求解变量的协方差，具体调用方法如下：

C=cov(A)：返回协方差。如果 A 是由观测值组成的向量，则 C 为标量值方差；如果 A 是其列表示随机变量或行表示观测值的矩阵，则 C 为对应的列方差沿着对角线排列的协方差矩阵。C 按观测值数量-1 实现归一化。如果仅有一个观测值，则按 1 进行归一化。如果 A 是标量，则 cov(A)返回 0；如果 A 是空数组，则 cov(A)返回 NaN。

C=cov(A,B)：返回两个随机变量 A 和 B 之间的协方差。如果 A 和 B 是长度相同的观测值向量，则 cov(A,B)为 2×2 协方差矩阵；如果 A 和 B 是观测值矩阵，则cov(A,B)将 A 和 B 视为向量，并等价于 cov(A(:),B(:))。A 和 B 的大小必须相同。如果 A 和 B 为标量，则 cov(A,B)返回零的 2×2 矩阵；如果 A 和 B 为空数组，则cov(A,B)返回 NaN 的 2×2 矩阵。

C=cov(___,w)：为之前的任何语法指定归一化权重。当 w=0（默认值）时，则 C 按观测值数量-1 实现归一化；当 w=1 时，按观测值数量对它实现归一化。

【例 4-28】cov( )函数使用示例。

```
>> A=[1 2 2;-2 3 1;3 0 1]
A =
     3×3 double
      1    2    2
     -2    3    1
      3    0    1
>> cov(A)                    %协方差矩阵
ans =
     3×3 double
       6.3333    -3.6667    0.1667
      -3.6667     2.3333    0.1667
```

```
    0.1667    0.1667    0.3333
>> B=reshape(1:9,3,3)
B =
   3×3 double
     1   4   7
     2   5   8
     3   6   9
>> cov(A,B)
ans =
   2×2 double
     2.4444    0.6250
     0.6250    7.5000
```

12. corrcoef()函数

相关系数或线性相关系数，一般用字母 r 表示，用来度量两个变量间的线性关系。其计算公式如下：

$$r(X,Y)=\frac{\mathrm{cov}(X,Y)}{\sqrt{\mathrm{var}(X)\,\mathrm{var}(Y)}}$$

北太天元中，计算矩阵相关系数的函数是 corrcoef()，其调用方法如下：

R=corrcoef(A)：返回 A 的相关系数的矩阵，其中 A 的列表示随机变量，行表示观测值。如果 A 是标量，则 corrcoef(A)返回 NaN；如果 A 是向量，则 corrcoef(A)返回 1。

R=corrcoef(A,B)：返回两个随机变量 A 和 B 之间的系数。A 和 B 的大小必须相同。如果 A 和 B 是标量，则 corrcoef(A,B)返回 1。然而，如果 A 和 B 相等，则 corrcoef(A,B)返回 NaN。如果 A 和 B 是矩阵或多维数组，则 corrcoef(A,B)将每个输入转换为其向量表示形式，等效于 corrcoef(A(:),B(:))或 corrcoef([A(:) B(:)])。如果 A 和 B 是 0×0 空数组，则 corrcoef(A,B)返回一个 NaN 值的 2×2 矩阵。

【例 4-29】 corrcoef()函数使用示例。

```
>> x=rand(3,1);
>> y=[2;5;7];
>> A=[x y 2*x+1];
>> corrcoef(A)                    %计算矩阵 A 中列之间相关系数
ans =
    1.0000    0.9986    1.0000
    0.9986    1.0000    0.9986
    1.0000    0.9986    1.0000
>>B=rand(3);
>> corrcoef(A,B)
ans =
    1.0000   -0.5168
   -0.5168    1.0000
```

4.4 数值求导

在数学计算中，积分和求导是最常见的运算。导数的数值计算是数值计算的基本操作之一。如牛顿法求根、微分方程求解、泰勒级数展开都离不开导数。

在北太天元中，使用 diff( )函数求解数值差分，其调用方法如下：

B=diff(A)：返回 A 沿大小不等于 1 的第一个数组维度的相邻元素的一阶差分。如果 A 为向量，则 diff(A)返回元素一阶差分；如果 A 为非空 mxn 矩阵，则 diff(A)返回(m-1)xn 矩阵，其元素为 A 的行之间的差分；如果 A 为空矩阵，则 diff(A)返回空矩阵。

B=diff(A,n)：返回 A 沿大小不等于 1 的第一个数组维度的相邻元素的 n 阶差分，即 diff(A,2)与 diff(diff(A))相同。

B=diff(A,n,dim)：返回 A 沿大小不等于 1 的第 dim 个数组维度的元素的 n 阶差分。dim 取值需为 1 或者 2，dim=1 是行之间的差分，dim=2 是对列之间的差分。

【例 4-30】 diff( )函数使用示例。

```
>> A=randperm(10)                    %生成随机数列
A =
      6    2    1    8   10    5    7    9    4    3
>> diff(A)                           %一阶差分
ans =

   -4   -1    7    2   -5    2    2   -5   -1
>>diff(A,2)                          %二阶差分
ans =
    3    8   -5   -7    7    0   -7    4
>> diff(diff(A))                     %diff(A,2)与 diff(diff(A))相同
ans =
    3    8   -5   -7    7    0   -7    4
```

4.5 曲线拟合

事实上，在实验或测量中所获得的数据总会有一定的误差。为此，人们设想构造这样的函数（曲线）$y=g(x)$去拟合$f(x)$。

北太天元的曲线拟合是用常见的最小二乘原理。

4.5.1 最小二乘原理及其曲线拟合算法

设测得的离散的 $m+1$ 个节点的数据如下：

$$(x_1,x_2,\cdots,x_m)(y_1,y_2,\cdots,y_m)$$

构造一个如下 n 次拟合多项式($n \leqslant m$)的函数 $g(x)$：

$$a_1x^n+a_2x^{n-1}+\cdots+a_nx+a_{n+1}$$

使上述拟合多项式在各数据点处的偏差 $g(x)-y$ 的平方之和达最小，就称为曲线拟合的最小二乘原理。

$$\phi=\phi(a_1,a_2,\cdots,a_{n+1})=\sum_{i=1}^{m+1}\left(\sum_{k=0}^{n}a_{n-k+1}x_i^k-y_i\right)^2$$

式中 x_i、y_i 是已知值，而式中的系数 $a_k(k=1,2,\cdots,n+1)$ 为 $n+1$ 个未知数，因此可将其看作 a_k 的函数，即 $\phi=\phi(a_1,a_2,\cdots,a_{n+1})$。故我们可以把上述曲线拟合归为对多元函数的求极值问题。为使 $\phi=\phi(a_1,a_2,\cdots,a_{n+1})$ 取极小值，必须满足以下方程组：

$$\frac{\partial\phi}{\partial a_k}=0,\quad k=1,2,\cdots,n+1$$

经过简单的推导，可得到一个 $n+1$ 阶线性代数方程组 $\boldsymbol{Sa}=b$，其中 $\boldsymbol{S}$ 为 $n+1$ 阶系数矩阵，b 为右端项，而 $\boldsymbol{a}$ 为未知数向量，即欲求的 n 次拟合多项式的 $n+1$ 个系数。这个方程组也称为正则方程组。正则方程组的具体推导，可查阅有关数值计算方法的教材。

4.5.2　曲线拟合的实现

在北太天元中，用 polyfit( ) 函数来求最小二乘拟合多项式的系数，用 polyval( ) 函数按所得的多项式计算指定值。

polyfit( ) 和 polyval( ) 函数的调用方法如下：

p=polyfit(x,y,n)：返回次数为 n 的多项式 p(x) 的系数，该阶数是 y 中数据的最佳拟合（在最小二乘方式中）。

y=polyval(p,x)：计算多项式 p 在 x 的每个点处的值。

【例 4-31】 曲线拟合示例。

本例首先在 $-0.8x^2+3x+5$ 多项式的基础上加入随机噪声，产生测试数据，然后进行数据曲线拟合。

```
>> x=1:1:10;
>> y=-0.8*x.^2+3*x+5+rand(1,10).*5;
>>plot(x,y,'o')
>> p=polyfit(x,y,2)
p =
    -0.7902      2.7793      8.5604
>> xi=1:0.5:10;
>> yi=polyval(p,xi);
>> hold on
>> plot(xi,yi);
>> hold off
```

运行以上命令，得到的结果如图 4-1 所示。另外得到的多项式系数为 -0.7902、2.7793、8.5604，也就是说，通过曲线拟合，得到了多项式 $-0.7902x^2+2.7793x+8.5604$，通过比较系数和观察图形，可以看出本次曲线拟合结果的精度是比较高的。

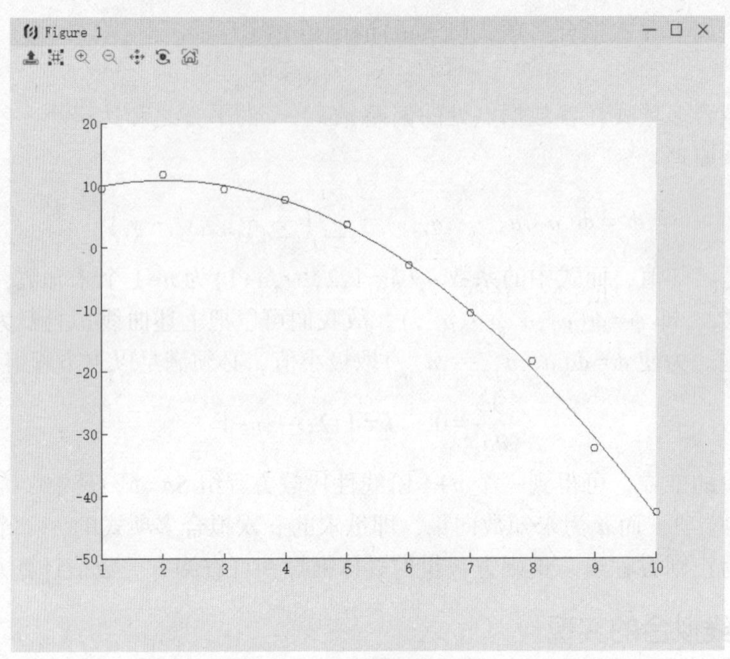

图 4-1 曲线拟合

4.6 傅里叶分析

傅里叶（Fourier）分析在信号处理领域有着广泛的应用，现实生活中大部分信号都包含多个不同的频率分量，这些信号的组件频率会随着时间或快或慢地变化。傅里叶级数和傅里叶变换是用来分析周期或者非周期信号的频率特性的数学工具。从时间的角度来看，傅里叶分析包括连续时间和离散时间的傅里叶变换，总共有 4 种不同的傅里叶分析类型：连续时间的傅里叶级数、连续时间的傅里叶变换、离散时间的傅里叶级数和离散时间的傅里叶变换。

频谱分析是在数据中识别频率组成的处理过程。对于离散数据，频谱分析的计算基础是离散傅里叶变换（DFT）。DFT 将基于时间或者基于空间的数据转换为基于频率的数据。

一个长度为 n 的向量 $\boldsymbol{x}$ 的 DFT，也是一个长度为 n 的向量。

$$y_{p+1} = \sum_{j=0}^{n-1} \omega^{\mathrm{ip}} x_{\mathrm{i}+1}$$

其中，ω 是 n 阶复数根。

在此表达式中，i 表示虚数单位。

DTF 的快速算法称为快速傅里叶变换（FFT）。FFT 并不是与 DFT 不同的另一种变换，而是为了减少 DFT 运算次数的一种快速算法。常用的 FFT 是以 2 为基数的，其长度用 N 表示，N 为 2 的整数倍。

北太天元中采用的就是 FFT 算法，北太天元中提供了函数 fft( ) 和 ifft( ) 来进行傅里叶分析。

1. 函数 fft( ) 和 ifft( )

函数 fft( ) 和 ifft( ) 对数据进行一维快速傅里叶变换和傅里叶反变换。函数 fft( ) 的调用语法有如下几种。

Y=fft(X)：如果 X 是向量，则采用快速傅里叶变换算法计算 X 的离散傅里叶变换；如果 X 是矩阵，则计算矩阵每一列的傅里叶变换。

Y=fft(X,n)：用参数 n 限制 X 的长度，如果 X 的长度小于 n，则用 0 补足；如果 X 的长度大于 n，则去掉多出的部分。

Y=fft(X,[ ],n)或 Y=fft(X,n,dim)：在参数 dim 指定的维上进行操作。

函数 ifft 的用法和 fft 完全相同。

2. fft2( )和 ifft2( )

函数 fft2( )和 ifft2( )对数据进行二维快速傅里叶变换和傅里叶反变换。数据的二维傅里叶变换 fft2(X)相当于 fft(fft(X)')'，即先对 X 的列进行一维傅里叶变换，然后对变换结果的行进行一维傅里叶变换。函数 fft2( )的调用语法如下。

Y=fft2(X)：二维快速傅里叶变换。

Y=fft2(X,MROWS,NCOLS)：通过截断或用 0 补足，使 X 成为 MROWSXNCOLS 的矩阵。

函数 ifft2( )的用法和 fft2( )完全相同。

3. fftshift( )和 ifftshift( )

函数 fftshift(Y)用于把傅里叶变换结果 Y（频域数据）中的直流分量（频率为 0 处的值）移到中间位置。如果 **Y** 是向量，则交换 **Y** 的左右半边；如果 **Y** 是矩阵，则交换其一、三象限和二、四象限；如果 **Y** 是多维数组，则在数组的每维中交换其“半空间”。

函数 itshift( )相当于 ftshf( )函数的逆操作，用法相同。

【例 4-32】生成一个正弦衰减曲线，并进行快速傅里叶变换。

```
>>clc
>>clear all
>>close all
>>load_plugin("fft")
>>tp=0:2048;
>>yt=sin(0.08*pi*tp).*exp(-tp/80);
>>figure
>>plot(tp, yt)
>>t=0:800/2048:800
>>f=0:1.25:1000;
>>yf=fft(yt);
```

【例 4-33】

已知序列 $x(n)=\{1,2,3,3,2,1\}$。

（1）求出 $x(n)$的傅里叶变换 $X(ej\omega)$，画出幅频特性和相频特性曲线（提示：用 1024 点 FFT 近似 $X(ej\omega)$）。

（2）计算 $x(n)$的 $N(N\geqslant 6)$点离散傅里叶变换 $X(k)$，画出幅频特性和相频特性曲线。

（3）将 $X(ej\omega)$和 $X(k)$的幅频特性和相频特性曲线分别画在同一幅图中，验证 $X(k)$是 $X(ej\omega)$的等间隔采样，采样间隔为 $2\pi/N$。

(4) 计算 $X(k)$ 的 N 点 IDFT，验证 DFT 和 IDFT 的唯一性。

程序代码如下：

```
clc;clear all;close all;
xn=[1 2 3 3 2 1];              %输入时域序列向量 x(n)
N=32;M=1024;
Xjw=fft(xn,M);                 %计算 xn 的 1024 点 DFT,近似表示序列的傅里叶变换
Xk32=fft(xn,N);                %计算 xn 的 32 点 DFT
xn32=ifft(Xk32,N);             %计算 Xk32 的 32 点 IDFT
%以下为绘图部分
k=0:M-1;wk=2*k/M;              %产生 M 点 DFT 对应的采样点频率(关于 π 归一化值)
subplot(3,2,1);
plot(wk,abs(Xjw));             %绘制 M 点 DFT 的幅频特性图
title('(a) FT[x(n)]的幅频特性图');
xlabel('ω/π');
ylabel('幅度')
subplot(3,2,3);
plot(wk,angle(Xjw));           %绘制 x(n)的相频特性图
line([0,2],[0,0])              %画横坐标轴线
title('(b)FT[x(n)]的相频特性图');
xlabel('ω/π');
ylabel('相位');
axis([0,2,-3.5,3.5])
k=0:N-1;
subplot(3,2,2);
stem(k,abs(Xk32),'.');         %绘制 64 点 DFT 的幅频特性图
title('(c)32 点 DFT 的幅频特性图');
xlabel('k');
ylabel('幅度');
axis([0,32,0,15])
subplot(3,2,4);
stem(k,angle(Xk32),'.');       %绘制 64 点 DFT 的相频特性图
line([0,32],[0,0])             %画横坐标轴线
title('(d)32 点 DFT 的相频特性图')
xlabel('k');ylabel('相位');axis([0,32,-3.5,3.5])
figure(2)
k=0:M-1;wk=2*k/M;              %产生 M 点 DFT 对应的采样点频率(关于 π 归一化值)
subplot(3,2,1);
plot(wk,abs(Xjw));             %绘制 M 点 DFT 的幅频特性图
title('(e) FT[x(n)]和 32 点 DFT[x(n)]的幅频特性');xlabel('ω/π');ylabel('幅度')
```

```
hold on
subplot(3,2,3);
plot(wk,angle(Xjw));        %绘制 x(n)的相频特性图
title('(f)FT[x(n)]和 32 点 DFT[x(n)]的相频特性');
xlabel('ω/π');
ylabel('相 n)]位');
hold on
k=0:N-1;wk=2*k/N;      %产生 N 点 DFT 对应的采样点频率(关于 π 归一化值)
subplot(3,2,1);stem(wk,abs(Xk32),'.');       %绘制 64 点 DFT 的幅频特性图
subplot(3,2,3);stem(wk,angle(Xk32),'.');     %绘制 64 点 DFT 的相频特性图
line([0,2],[0,0]);
n=0:31;
subplot(3,2,2);
stem(n,xn32,'.');
title('(g)32 点 IDFT[X(k)]波形');
xlabel('n');
ylabel('x(n)');
```

程序运行的结果如图 4-2 所示。

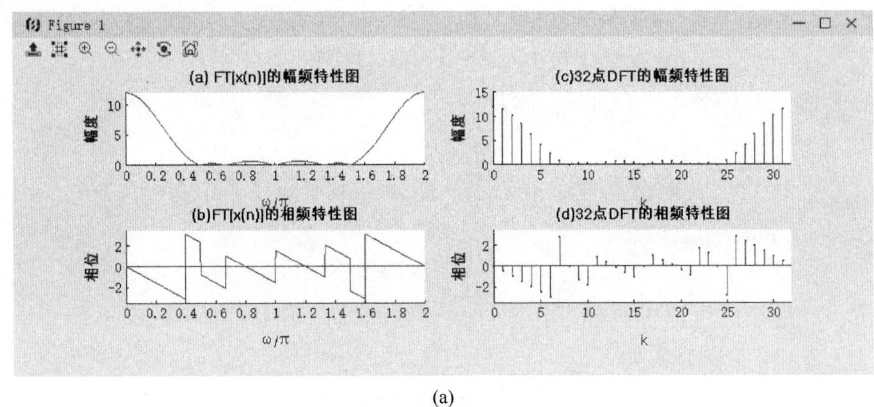

(a)

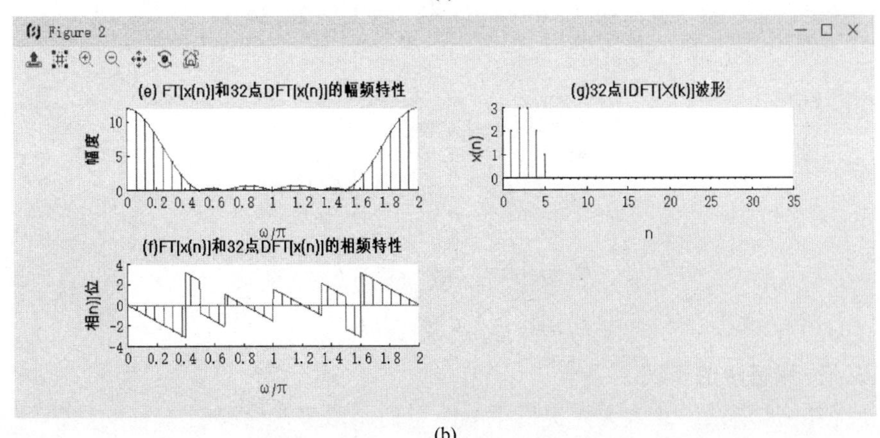

(b)

图 4-2　序列 $x(n)$ 傅里叶变换结果图

4.7 微分方程求解

微分方程是数值计算中常见的问题，北太天元提供了多种函数来计算微分方程的解。

众所周知，对一些典型的常微分方程，能求解出它们的一般表达式，并用初始条件确定表达式中的任意常数。但实际中存在这种解析解的常微分方程的范围十分狭窄，往往只局限于线性常系数微分方程（含方程组），以及少数线性变系数方程。对于更加广泛的、非线性的一般常微分方程，通常不存在初等函数解析解。由于实际问题求解的需要，求近似的数值解成为解决问题的主要手段。常见的求数值解的方法有欧拉折线法、阿当姆斯法、龙格-库塔法与吉尔法等。其中龙格-库塔法因为精度较高，计算量适中，所以应用较广泛。

数值解的最大优点是不受方程类型的限制，即可以求任何形式常微分方程的特解，但是求出的解只能是数值解。

1. 龙格-库塔法简介

对于一阶常微分方程的初值问题，在求解未知函数 y 时，y 在 t_0 点的值 $y(t_0)=y_0$ 是已知的，并且根据高等数学中的中值定理，应满足

$$\begin{cases} y(t_0+h)=y_1\approx y_0+hf(t_0,y_0) \\ y(t_0+2h)=y_2\approx y_1+hf(t_1,y_1) \end{cases} \quad (h>0)$$

一般而言，在任意点 $t_i=t_i+ih$，满足

$$y(t_0+ih)=y_i\approx y_{i-1}+hf(t_{i-1},y_{i-1}),\quad i=1,2,\cdots,n$$

当 (t_0,y_0) 确定后，根据上述递推公式，能算出未知函数 y 在点 $t=t_0+ih$，$i=1,2,\cdots,n$，$j=1,2,\cdots,n$ 的一列数值解：

$$y_i=y_0,y_1,\cdots,y_n,\quad i=1,2,\cdots,n$$

当然，在递推的过程中同样存在累计误差的问题。实际计算中的递推公式一般都进行过改造，龙格-库塔公式如下：

$$y(t_0+ih)=y_i\approx y_{i-1}+\frac{h}{6}(k_1+2k_2+2k_3+k_4)$$

其中

$$k_1=f(t_{i-1},y_{i-1})$$

$$k_2=f\left(t_{i-1}+\frac{h}{2},y_{i-1}+\frac{h}{2}k_1\right)$$

$$k_3=f\left(t_{i-1}+\frac{h}{2},y_{i-1}+\frac{h}{2}k_2\right)$$

$$k_3=f\ (t_{i-1}+h,y_{i-1}+hk_3)$$

2. 龙格-库塔法的实现

基于龙格-库塔法，北太天元提供了 ode 系列函数来求常微分方程的数值解。常用的有 ode23 和 ode45 函数，其调用语法如下。

[t,y]=ode23(filename,tspan,y0)：采用二阶、三阶龙格-库塔法进行计算。

[t,y]=ode45 (filename,tspan,y0)：采用四阶、五阶龙格-库塔法进行计算。

其中，filename 是定义 f(t,y)的函数文件名，该函数文件必须返回一个列向量。tspan 的形式为[t0,tf]，表示求解区间。y0 是初始状态列向量。t 和 y 分别给出时间向量和相应的状态向量。这两个函数分别采用了二阶、三阶龙格-库塔法和四阶、五阶龙格-库塔法，并采用自适应变步长的求解方法。当解的变化较慢时，采用较大的步长，从而使得计算的速度很快；当解的变化较快时，步长会自动变小，从而使得计算的精度很高。本书以四阶龙格-库塔法为例讲解用北太天元实现常微分方程的求解。

【例 4-34】 求解方程 $y'=2t$。

```
>>y0 = 0;
>>[t,y] = ode23(@(t,y) 2*t,[0 5],y0);
>>plot(t,y,'-o');
```

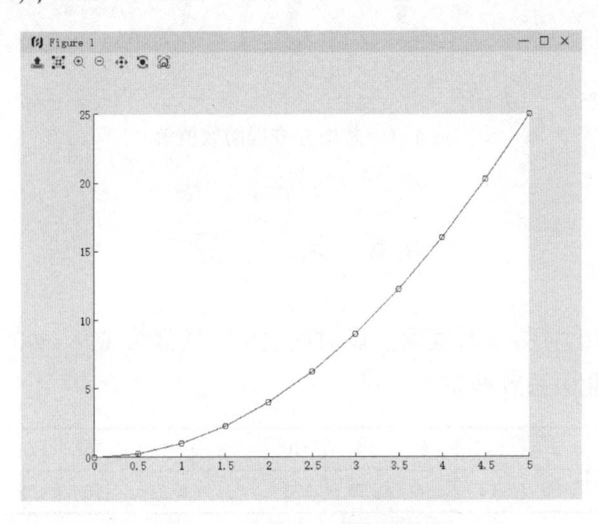

图 4-3　常微分方程的数值解

【例 4-35】 求方程 $z''=(1-z^2)z'-z$，初值为 $z(0)=1$，$z'(0)=0''$。

```
>> clear, clc, close all;
>> odefun = @(t,y) [ y(2); (1-y(1)^2)*y(2)-y(1)];   %必须返回列向量
>> tspan = [0 30];
>> y0 = [1; 0];
>> options = odeset('RelTol',1e-6,'AbsTol',1e-8);
>> [t,y] = ode45(odefun,tspan,y0,options);   %计算出来的 y 有两列,分别对应函数和导数
>> plot(t,y(:,1),'-*',t,y(:,2),'-o');
>> legend('二阶 ODE 的解 z', 'z''', 'Location', 'SouthEast')
>> xlabel('t')
>> title("用 ode45 求解二阶常微分方程的初值问题: z'' = (1-z^2)*z' -z ; z(0)=1; z'(0)=0 ")
```

运行程序后得到的结果如图 4-4 所示。

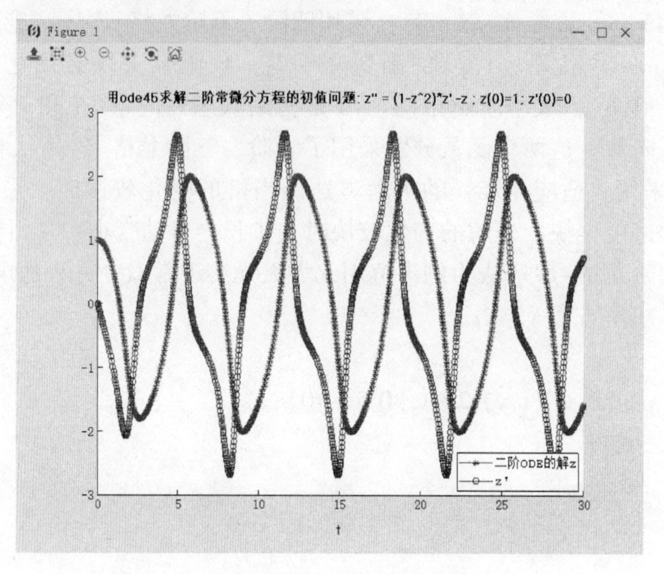

图 4-4　常微分方程的数值解

4.8　习　　题

1. 对某日隔两小时测一次气温。设时间为 t_i，气温为 C_i，$i=0,2,4,\cdots,24$。温度 (C_i) 随时间 (t_i) 变化关系数据如下：

T_i	0	2	4	6	8	10	12	14	16	18	20	22	24
C_i	15	14	14	16	20	23	28	27	26	25	22	18	16

请在直角坐标系上作出温度的图像，并建立温度与时间的函数关系。

2. 求函数 $f(x)=\mathrm{e}^{-x^2}$ 的傅里叶变换。

3. 求解方程 $y'=t^3$。

4. 求解下列常微分方程的数值解。

$$\begin{cases} x^2\dfrac{\mathrm{d}^2y}{\mathrm{d}x^2}+4x\dfrac{\mathrm{d}y}{\mathrm{d}x}+2y=0 \\ y(1)=2 \\ y'(1)=-3 \end{cases}$$

第5章　数据分析与多项式计算

在工程实际中，往往有很多复杂的问题，无法通过手工计算方便地解决，此时可以借助于计算机的数据分析。本章主要介绍数据序列的最值、求和、平均值、中值、累加和累积、排序等技术。

5.1　数据统计处理

在数据分析的过程中，首先要对数据进行描述性统计处理，以发现数据的内在的规律，进而可以选择适宜的方法进行分析。常用的描述性统计参数包括数学期望（均值）、方差与偏差、最值与极差、中位数与分位数、累积和累和、协方差与相关系数等。本节将向读者介绍如何利用北太天元的函数计算数据的描述性统计参数。

5.1.1　最大值和最小值

北太天元提供了函数 max( ) 和 min( )，分别用于计算数据的最大值和最小值，两个函数的使用方法类似，现以函数 max( ) 为例讲解函数的使用。函数 max( ) 的调用格式如下：

Y=max(A)：计算 A 中的最大值，并将其结果返回 Y。如果 A 为向量，则返回向量中的一个最大值；如果 A 为矩阵，则返回各列中数据最大的元素。

[Y,I]=max(A)：计算数据的最值，返回最大值 Y 和最大值所在数据的位置索引。

C=max(A,B)：返回一个与 A 或 B 同大小的向量或矩阵，其元素是 A 或 B 中的最大元素。

Y=max(A,[ ],dim)：比较指定维度上的最大值，如果 dim 为 1 则返回各列的最值，如果 dim 为 2 则返回各行的最值。

[Y,I]=max(A,[ ],dim)：计算数据指定维度的最值，返回各行或各列的最大值 Y 以及最大值所在数据的位置索引。

示例：

```
>>A = [2 8 4; 7 3 9]
A =
   2   8   4
   7   3   9
>>max(A)
ans =
```

```
    7   8   9

>>[Y,I] =max(A)
Y =
    7   8   9
I =
    2   1   2
>>B = [8 6 3; 2 7 4]
B =
    8   6   3
    2   7   4

>>C = max(A,B)
C =
    8   8   4
    7   7   9
>>max(A, [], 1)
ans =
    7   8   9

>>[Y, I] =max(X, [], 1)

Y =

    7   8   9
I=
    2   1   2
```

5.1.2 求和与求积

在北太天元中，数据求积和求和函数分别为 prod( ) 和 sum( )，其调用格式如下：

B=prod(A)：计算数据 A 中所有元素的乘积，如果 A 为向量，则返回向量所有元素的乘积；如果 A 为矩阵，则返回各列元素的乘积。

B=prod(A,dim)：指定维上的数据 A 的元素乘积，dim=1 时计算列元素乘积，dim=2 时计算行元素乘积。

B=sum(A)：计算数据 A 中所有元素的和。

B=sum(A,dim)：计算数据 A 指定维上所有元素的和，dim=1 时计算列元素的和，dim=2 时计算行元素的和。

示例：

```
>>A=[1 3 2;4 2 5; 6 1 4]
```

```
A =
    1   3   2
    4   2   5
    6   1   4

>>B = prod(A)
B =
    24      6    40

>>B = prod(A,1)
B =
    24      6    40

>>B = sum(A)
B =
    11      6    11

>>B = sum(A,2)
B =
    6
    11
    11
```

5.1.3 平均值和中值

平均值又称为期望或均值，是随机变量的算术平均值。

中值又称中位数，是数据排序后处于中间的元素，中值可以反映数据总体的平均状况，对于存在极端值的数据，平均数并不能很好地反映数据的平均状况，而中位数可以有效避免极端值的影响。计算中值时，一般先把数据排序，处于中间位置上的数即为中值。在北太天元中，函数 median( )用于计算数据的中值，函数 mean( )用于计算均值，调用格式如下：

M=median(A)：计算数据 A 的中位数，如果 A 为向量，则返回向量的中位数；如果 A 为矩阵，则返回矩阵各列的中位数。

M=median(A,dim)：计算数据 A 指定维上的中位数，dim=1 时计算数据各列上的中位数，dim=2 时计算数据各行上的中位数。

M=mean(A)：计算数据 A 的均值，如果 A 为向量，则返回向量的算术平均值；如果 A 为矩阵，则返回矩阵 A 各列的均值。

M=mean(A,dim)：生成指定维数上的矩阵 A 的均值。

示例：

```
>>A=[1 3 2]
```

```
A =
   1   3   2

>>M = mean(A)
M =
   2

>>A = [1 3 2; 4 2 5; 6 1 4]
A =
   1   3   2
   4   2   5
   6   1   4

>> M = mean(A)

M =
3.6667      2.0000      3.6667

>> M = mean(A,2)
M =
     2.0000
     3.6667
     3.6667

>>A = [0 1 1; 2 3 2; 1 3 2; 4 2 2]

A =
   0   1   1
   2   3   2
   1   3   2
   4   2   2

>>M = median(A)
M =
1.5000      2.5000      2.0000

>>M = median(A,2)

M =
```

```
1
2
2
2
```

5.1.4　累加和与累乘积

在北太天元中，使用函数 cumsum( ) 和 cumprod( ) 可以方便地分别计算数据的累和与累积，二者的调用格式类似，现以函数 cumsum( ) 为例讲解。函数 cumsum( ) 的调用格式如下：

B=cumsum(A)：计算数据 A 的累积和，如果 A 为向量，则计算该向量的累积和；如果 A 为矩阵，则计算矩阵各列元素的累和。

B=cumsum(A,dim)：计算数据 A 指定维上的累积和，dim=1 时计算列元素的累积和，dim=2 时计算行元素的累积和。

示例：

```
>>A = [1 3 2; 4 2 5; 6 1 4]
A =
   1   3   2
   4   2   5
   6   1   4

>>B = cumsum(A)
B =
     1     3     2
     5     5     7
    11     6    11

>>B = cumsum(A,2)
B =
     1     4     6
     4     6    11
     6     7    11
```

5.1.5　排序

数据排序是数据分析中经常会遇到的问题，北太天元中提供了函数 sort( ) 用于数据的排序，其调用格式如下：

B=sort(A)：对数据 A 进行排序，如果 A 为向量，则对向量 A 进行排序；如果 A 为矩阵，则对矩阵 A 各列数据进行排序，最后返回排序后的数据序列。

B=sort(A,dim)：对数据 A 进行排序，并指定排序的数据维度，若 dim=1，则按列排；若 dim=2，则按行排。

B=sort(...,mode)：指定排序的模式，值为'ascend'时，按升序排序，值为'descend'时，按降序排序。

[B,IX]=sort(...)：返回排序后的数据序列和排序后的数据在原数据中的索引号。

示例：

```
>>A = [9 0 -7; 5 3 8;-10 4 2]
A =
     9     0    -7
     5     3     8
   -10     4     2

>>B = sort(A)
B =
   -10     0    -7
     5     3     2
     9     4     8

>>B = sort(A,2)
B =
    -7     0     9
     3     5     8
   -10     2     4

>>B = sort(A,'descend')
B =
     9     4     8
     5     3     2
   -10     0    -7

>>[B,IX] = sort(A)
B =
   -10     0    -7
     5     3     2
     9     4     8

IX =
    3   1   1
    2   2   3
    1   3   2
```

5.2　统计描述函数

在数据分析中，统计描述函数是用来计算数据的描述性统计参数的工具，使用这些函数可以方便地获取数据的统计信息。

5.2.1　标准差与方差

样本方差为样本中各数据与样本平均数的差的平方和的平均数，而样本方差的算术平方根即为样本标准差。方差与标准差用于反映数据的离散程度，方差或标准差越大，数据的离散程度越大。

方差的计算公式为

$$s^2=\frac{1}{n}[(x_1-x)^2+(x_2-x)^2+\cdots+(x_n-x)^2]$$

其中，n 为样本数，x 为样本数据的均值。

标准差的计算公式为

$$s=\sqrt{\frac{1}{n}[(x_1-x)^2+(x_2-x)^2+\cdots+(x_n-x)^2]}$$

其中，n 为样本数，x 为样本数据的均值。

在北太天元中，函数 var()用于计算样本方差，其调用格式如下：

var(X)：计算数据 X 的方差，如果 X 为向量，则返回该向量的方差，而如果 X 为矩阵，则返回该矩阵各列数据的方差。

var(X,1)：计算样本的方差，前置因子样本数不减 1，即为 $1/n$。

var(X,w)：返回以 w 为权值的数据 X 的方差。

var(X,w,dim)：返回以 w 为权值的数据 X 的方差，并指定方差计算的维度。

在北太天元中，函数 std()可用于计算样本数据的标准差，其调用格式如下：

s=std(X)：计算数据 X 的标准差，如果 X 为向量，则返回该向量的标准差，而如果 X 为矩阵，则返回该矩阵各列数据的标准差。

s=std(X,w)：计算数据 X 的标准差，w=0 时前置因子为 $1/(n-1)$，其他情况下为 $1/n$，默认时 w=0。

s=std(X,w,dim)：计算数据 X 的标准差，参数 dim 指定标准差计算的维度，dim=1 时计算各列数据的标准方差，dim=2 时计算各行数据的标准方差。

示例：

```
>> A = [4 -7 3; 1 4 -2;10 7 9]
A =
     4    -7     3
     1     4    -2
    10     7     9
```

```
>>B = var(A,1)
B =
   14.0000    36.2222    20.2222

>>w=[0.3 0.5 0.2]
w =
    0.3000      0.5000      0.2000

>>B = var(A,w)
B =
   11.6100    30.8100    18.0100

>>B = var(A,w,2)
B =
    28.2100
    5.4900
    1.8100

>> A = [4 -7 3; 1 4 -2;10 7 9]
A =
    4   -7    3
    1    4   -2
   10    7    9

>>S = std(A)
S =
4.5826     7.3711      5.5076

>>S = std(A,1)
S =
3.7417      6.0185      4.4969

>>S = std(A,w)
S =
3.4073      5.5507      4.2438

>>S = std(A,1,2)
S =
    4.9666
```

```
  2.4495
1.2472
```

5.2.2 相关系数与协方差

在统计学中，协方差用于衡量两个变量的总体误差，而相关系数用于衡量两个变量间的线性关系的程度。在北太天元中，计算协方差的函数为 cov( )，其调用格式如下：

C=cov(X)：计算数据 X 的协方差，如果 X 为向量，则返回该向量 X 的协方差，如果 X 为矩阵，则返回该矩阵 X 的协方差矩阵，该矩阵的对角元素为数据 X 各列的方差。

C=cov(x,y)：返回数据 x 和 y 的协方差矩阵，x 和 y 需具有相同的大小。

C=cov(A,B)：返回两个矩阵随机变量 A 和 B 之间的协方差。如果 A 和 B 是长度相同的观测值向量，则 cov(A,B)为 2×2 协方差矩阵。如果 A 和 B 是观测值矩阵，则 cov(A,B)将 A 和 B 视为向量，并等价于 cov(A(:),B(:))。A 和 B 的大小必须相同。如果 A 和 B 为标量，则 cov(A,B)返回零的 2×2 矩阵。如果 A 和 B 为空数组，则 cov(A,B)返回 NaN 的 2×2 矩阵。

北太天元提供了 corrcoef( )函数，用于计算数据的相关系数矩阵。corrcoef( )函数的调用格式如下：

R=corrcoef(X)：返回数据 X 的相关系数矩阵，矩阵 X 的每列数据为相关分析的一个变量，返回各列数据的相关系数。

R=corrcoef(x,y)：计算数据 x 和 y 的相关系数。

示例：

```
>>A = [5 0 3 7; 1 -5 7 3; 4 9 8 10]
A =
    5    0    3    7
    1   -5    7    3
    4    9    8   10

>>C = cov(A)
C =
    4.3333     8.8333    -3.0000     5.6667
    8.8333    50.3333     6.5000    24.1667
   -3.0000     6.5000     7.0000     1.0000
    5.6667    24.1667     1.0000    12.3333

>>B = [4 -7 3 1; 1 4 -2 4;10 7 9 5]
B =
    4   -7    3    1
    1    4   -2    4
```

```
    10    7    9    5

>>C = cov(A,B)
C =
    18.4242    6.4545
    6.4545     21.8409

>>R = corrcoef(A)
R =
     1.0000    0.5981    -0.5447    0.7751
     0.5981    1.0000     0.3463    0.9699
    -0.5447    0.3463     1.0000    0.1076
     0.7751    0.9699     0.1076    1.0000

>>R = corrcoef(A,B)
R =
     1.0000    0.3218
     0.3218    1.0000
```

5.3 曲线拟合

在实验或测量中所获得的数据总会有一定的误差，为此，人们设想构造函数（曲线）$y=g(x)$去拟合$f(x)$。

北太天元的曲线拟合是用常见的最小二乘原理。

5.3.1 最小二乘原理及其曲线拟合算法

设测得的离散的 $m+1$ 个节点的数据如下：

$$(x_0,x_1,\cdots,x_m)(y_0,y_1,\cdots,y_m)$$

构造一个如下 n 次拟合多项式($n\leqslant m$)的函数 $g(x)$：

$$a_1x^n+a_2x^{n-1}+\cdots+a_nx+a_{n+1}$$

使上述拟合多项式在各数据点处的偏差 $g(x)-y$ 的平方之和达最小，就称为曲线拟合的最小二乘原理。

$$\varphi=\varphi(a_1,a_2,\cdots,a_{n+1})=\sum_{i=0}^{m}\Big(\sum_{k=0}^{n}a_{n-k+1}x_i^k-y_i\Big)^2$$

上式中的 x_i、y_i 是已知值，而式中的系数 $a_k(k=1,2,\cdots,n+1)$为 $n+1$ 个未知数，因此可将其看作 a_k 的函数，即 $\phi=\phi(a_1,a_2,\cdots,a_{n+1})$。故可以把上述曲线拟合归为对多元函数的求极值问题。为使 $\phi=\phi(a_1,a_2,\cdots,a_{n+1})$取极小值，必须满足以下方程组：

$$\frac{\partial\phi}{\partial a_k}=0,k=1,2,\cdots,n+1$$

经过简单的推导，可得到一个 $n+1$ 阶线性代数方程组 $\boldsymbol{Sa}=b$，其中 $\boldsymbol{S}$ 为 $n+1$ 阶系数矩阵，b 为右端项，而 $\boldsymbol{a}$ 为未知数向量，即欲求的 n 次拟合多项式的 $n+1$ 个系数。这个方程组也称为正则方程组。正则方程组的具体推导，可查阅有关数值计算方法的书籍。

5.3.2 曲线拟合的实现

在北太天元中，用 polyfit( ) 函数求最小二乘拟合多项式的系数，用 polyval( ) 函数按所得的多项式计算指定值。

polyfit 和 polyval 函数的调用方法如下：

p=polyfit(x,y,n)。返回次数为 n 的多项式 p(x) 的系数，该阶数是 y 中数据的最佳拟合（在最小二乘方式中）。

y=polyval(p,x)。计算多项式 p 在 x 的每个点处的值。

示例：

本例首先在 $-3x^2+4x+12$ 多项式的基础上加入随机噪声，产生测试数据，然后进行数据曲线拟合：

```
>> x=1:1:10;
>> y=-3*x.^2+4.*x+12+rand(1,10).*5;
>> plot(x,y,'o')
>> p=polyfit(x,y,2)
p =

  1×3 double

 -2.9540      3.4901      15.9545
>> xi=1:0.5:10;
>> yi=polyval(p,xi);
>> hold on
>> plot(xi,yi);
>> hold off
```

运行以上命令，得到的结果如图 5-1 所示。另外，得到的多项式系数为 -2.9540、3.4901、15.9545。也就是说通过曲线拟合，得到了多项式 $-2.9540x^2+3.4901x+15.9545$。通过比较系数和观察图形，可以看出本次曲线拟合结果的精度是比较高的。

5.3.3 曲线拟合的评价

第一种方案是用均方误差描述。均方误差的计算公式如下：

$$\mathrm{MSE}=\frac{1}{n}\sum_{i=1}^{n}(y_i-\hat{y}_i)^2$$

第二种方案是为了防止本身 y 值比较小，而 MSE 又做了一次平方，所以对 MSE 开方得到 RMSE。

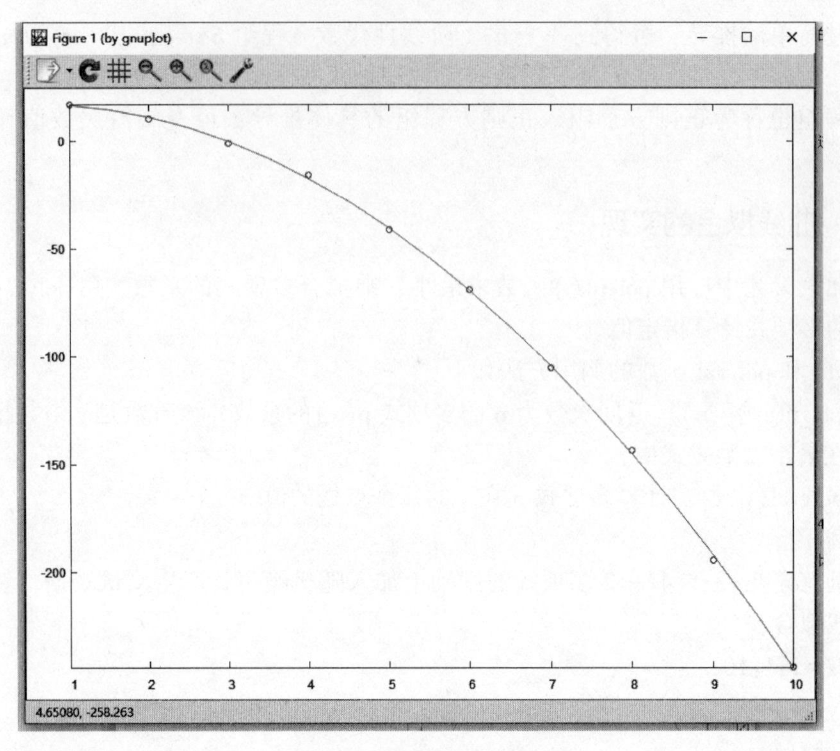

图 5-1　曲线拟合的结果

第三种方案是使用偏差平均值而非平方后开方：

$$\mathrm{MAE} = \frac{1}{n}\sum_{i=1}^{n} |y_i - \hat{y}_i|$$

第四种方案是最常用的一个，又叫拟合优度法。它的基本原理不局限于皮尔逊相关系数，而是比较残差平方和与总平方和的问题：

$$R^2 = 1 - \frac{\mathrm{SSE}}{\mathrm{SST}} = 1 - \frac{\sum_{i=1}^{n}(y_i - \hat{y}_i)^2}{\sum_{i=1}^{n}(y_i - \bar{y}_i)^2}$$

5.4　习　　题

1. 生成 20000 个符合均匀分布的随机数，然后检验随机数的性质。

(1) 均值和标准差；

(2) 最大值和最小值；

(3) 大于 0.5 的随机数占比。

2. 将 50 个学生的 5 门课程成绩存入某矩阵，进行如下处理：

(1) 分别求每门课程的最高分、最低分，并给出相应序号；

(2) 计算每门课程的平均分、中值和均方差；

(3) 统计 5 门课程的最高分和最低分及相应的序号；

（4）将 5 门课程按总分排序。

3. 已知 lg$x$ 在区间[1,101]上的 10 个整数采样点的函数值如下表：

x	1	11	21	31	21	51	61	71	101
lg$x$	0	1.0414	1.3222	1.4914	1.6128	1.7076	1.7853	1.8513	2.0043

试求 lg$x$ 的五次拟合多项式，并绘制出 lg$x$ 和拟合多项式在区间[1,101]上的函数曲线。

第 6 章　基于北太天元的运筹优化

本章重点学习北太天元的运筹优化。优化类问题是数学建模当中考查最频繁的一类问题，传统的运筹优化可以直接调用函数（如 Python 和 MATLAB 中的一些内置函数），复杂的优化问题可以用专业求解器求解（如 COPT、Gurobi 等）。北太天元中对函数优化的支持并不算太多，所以需要我们对于运筹学的基本优化原理有更深的理解。

本章从底层出发，写出几个数值函数极值的求解算法，包括有约束和无约束等多种类型。

6.1　函数的极值求解与梯度下降法

在高等数学中有梯度的概念，该概念是基于偏微分定义的。事实上，梯度具有这样一个性质：一个多元函数沿着梯度方向的变化率是最快的。这个性质又可以通俗的称作“爬山法则”，利用这一准则可以求解函数的极值（主要是局部数值解）。

它的基本原理很简单，从某个起始点开始搜索，在搜索过程中计算当前位置的梯度，每一次迭代遵循如下的迭代公式：

$$x_{i+1}=x_i-\alpha\text{grad}(f)$$

x 为迭代步长，$\text{grad}(f)$ 表示函数 f 的梯度。当前后两次迭代的函数值之差满足一个很小的阈值（误差的容许范围）时，可以认为迭代基本成功。或者从另一个角度，由于极值点的偏导数为 0，当梯度的模近似为 0 时也可以认为极值迭代成功。

事实上，在机器学习中数值计算往往并不是用一种简单的梯度下降法求数值解。机器学习中数据量大，梯度下降分为随机梯度、批量梯度和小批量梯度三种方法，而且在此基础上还可以引入动量等方法。如果每一次迭代都带入所有的数据作为函数参数，则称为批量梯度下降，这种方法计算比较稳定，但计算量大。如果每次迭代都随机带入某一条数据作为参数，相应更新就是随机梯度下降，此法运算量小，但不稳定，易振荡。一个折中的方法就是每次迭代都采取整个数据集的一个子集，这就是小批量梯度下降。

下面是一个利用梯度下降法求函数 $f(x,y)=x^2+y^2$ 最小值的例子，梯度下降效果图如图 6-1 所示。

```
clear; clc;
[x,y]=meshgrid(-10:0.5:10);
z=x.^2+y.^2;
mesh(x,y,z);
record_values=[-9;-9];
step=0.1;
```

```
count=20;
for i=1:count
current_x=record_values(1,i);
current_y=record_values(2,i);
temp=[current_x-step*2*current_x,current_y-step*2*current_y];
record_values(:,i+1)=temp;
end
hold on;
x_values=record_values(1,:);
y_values=record_values(2,:);

z_values=x_values.*x_values+y_values.*y_values;
plot3(x_values,y_values,z_values,'k--o');
plot3(0,0,0,'rp');
```

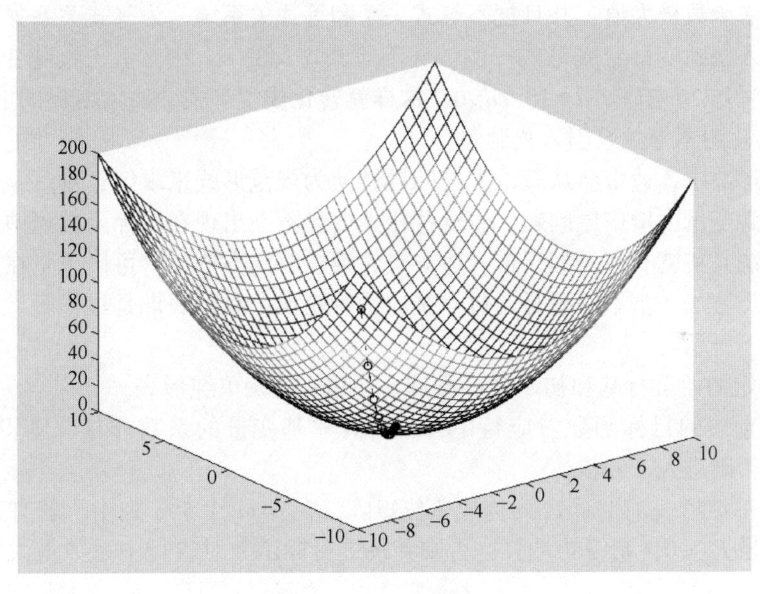

图 6-1　梯度下降效果图

6.2　线性规划与单纯形法

线性规划实际应用较多，例如，运输一批货物，大车能运 5 箱，小车只能运 3 箱，但大车和小车数量都有限且运费不同，如何安排运输方案才能在车辆够用的前提下使运费最小？如果把大车数量记为 x，小车数量记为 y，那么除了 x 和 y 的范围，$5x+3y$ 也有一个取值范围，算上运费作为优化目标，这就构成了一个线性规划。

可以看出，如果十几个甚至几十个不等式方程组成约束条件，就变成了高维问题求解。此时，为了以更简单的形式描述更一般的线性规划，需要借助一个数学工具——线性代数。我们把所有方程约束中的系数组成系数矩阵 Aeq，等号右边的常数作为列向量 beq；不等式约束中的系数矩阵 $\boldsymbol{A}$ 和不等号右边的常数 b，为了方便，通常将不等式统一为小于或等于；变量 $\boldsymbol{x}$ 在向量 lb 到 ub 之间取值；目标函数的系数向量为 $\boldsymbol{c}$，那么线性规划的标准形式就如下所示：

$$\min_{x} f=\boldsymbol{c}^{\mathrm{T}}\boldsymbol{x}$$

$$\text{s.t.}\begin{cases}\boldsymbol{A}\boldsymbol{x}\leqslant b\\ \mathrm{Aeq}\cdot\boldsymbol{x}=\mathrm{beq}\\ \mathrm{lb}<\boldsymbol{x}<\mathrm{ub}\end{cases}$$

为了方便编程，通常将问题统一为函数极小值问题，不等式约束统一为小于或等于。如果原问题是最大值或者有大于或等于的不等式，则乘-1 进行取反。经典的凸优化教材会把模型写成另外一种形式：

$$\max f=\boldsymbol{c}^{\mathrm{T}}\boldsymbol{X}$$

$$\text{s.t.}\begin{cases}\boldsymbol{A}\boldsymbol{X}^{*}=b^{*}\\ \boldsymbol{X}\geqslant 0\end{cases}$$

该形式求函数极大值，并且把不等式关系和等式关系统一为等式关系方便求解。不等式通过引入松弛变量变成等式。例如，不等式 $2a+3b+c<10$，引入松弛变量 d，左边不等式可以写作 $2a+3b+c+d=10$，$d>0$，这样就转化成了等式。决策变量的上下界 lb 和 ub 也会被转化为不等关系引入松弛量。

在单纯形法中，通常会从理论上把问题转换为规范形式来求解，对每一个不等式都引入一个松弛变量去增广原问题。但这些松弛变量不会出现在目标函数当中。

单纯形法其实就有些类似于带入边界点轮换求解的方法，它可以说是在运筹学当中最经典的一类方法。基本原理是通过对基向量解轮换，看到底谁是最优解。单纯形法的基本流程如下所示：

（1）确定初始可行基和初始基可行解，并建立初始单纯形表。

（2）当前表的目标函数对应行中，若所有非基变量的系数非正，则得到最优解，算法终止；否则进入下一步。

（3）若单纯形表中 1 至 m 列构成单位矩阵，在 $j=m+1$ 至 n 列中，若有某个对应 x_k 的系数列向量 $\boldsymbol{P}_k\leqslant 0$，则停止计算；否则转挑选目标函数对应行中系数最大的非基变量作为进基变量。假设 x_k 为进基变量，按规则 $\theta=\min\left(\frac{b_i}{a_{ik}}\middle| a_{ik}>0\right)=\frac{b_u}{a_{uk}}$计算，其中 b_i 是规范型规划的常数项，a_{ik} 即为在第 i 个约束中变量 k 的系数，可确定为出基变量，转下一步。

（4）以 a_{uk} 为主元素进行迭代，对 x_k 所对应的列向量进行如下变换：

$$\boldsymbol{P}_k=\begin{pmatrix}a_{1k}\\ a_{2k}\\ \vdots\\ a_{uk}\\ \vdots\\ a_{nk}\end{pmatrix}=\begin{pmatrix}0\\ 0\\ \vdots\\ 0\\ \vdots\\ 0\end{pmatrix}$$

(5) 重复步骤 (2)~(5), 直到所有检验数非正后终止, 得到最优解。

例如, 对于一个线性规划问题:

$$\max 2x_1+3x_2$$

$$\text{s.t.}\begin{cases}x_1+2x_2\leqslant 8\\4x_1\leqslant 16\\x_2\leqslant 3\\x_1,x_2\geqslant 0\end{cases}$$

求解代码如下:

```
%求解标准型线性规划:
```

$$\max_x \text{c}\cdot\text{x}$$

$$\text{s.t.}\begin{cases}\text{A}*\text{x}=\text{b}\\\text{x}\geqslant 0\end{cases}$$

```
%本函数中的 A 是单纯初始表,包括:最后一行是初始的检验数,最后一列是资源向量 b
  %N 是初始基变量的下标
  %输出变量 sol 是最优解,其中松弛变量(或剩余变量)可能不为 0
  %输出变量 val 是最优目标值,kk 是迭代次数
  A=[1 2 1 0 0 8;
      4 0 0 1 0 16;
      0 4 0 0 1 12;
      2 3 0 0 0 0];
  N=[4 3];
  [mA,nA]=size(A);
  kk=0; %迭代次数
  sol=0;
  val=0;
  flag=1;
  while flag
  kk=kk+1;
  if A(mA,:)<=0 %已找到最优解
flag=0;
sol=zeros(1,nA-1);
for i=1:mA-1
  sol(N(i))=A(i,nA);
end
val=-A(mA,nA);
else
  for i=1:nA-1
    if A(mA,i)>0&A(1:mA-1,i)<=0 %问题有无界解
      disp('have infinite solution! ');
      flag=0;
```

```
        break;
      end
    end
    if flag %还不是最优单纯形表,进行转轴运算
      temp=0;
      for i=1:nA-1
        if A(mA,i)>temp
          temp=A(mA,i);
          inb=i; %进基变量的下标
        end
      end
      sita=zeros(1,mA-1);
      fori=1:mA-1
        if A(i,inb)>0
          sita(i)= A(i,nA)/A(i,inb);
        end
      end
        temp=inf;
        for i=1:mA-1
            if sita(i)>0&sita(i)<temp
                temp=sita(i);
                outb=i; %出基变量下标
            end
        end
    %以下更新N
        for i=1:mA-1
            if i==outb
                N(i)= inb;
            end
        end
    %以下进行转轴运算
        A(outb,:)= A(outb,:)/A(outb,inb);
        for i=1:mA
          if i~=outb
                A(i,:)= A(i,:)-A(outb,:) * A(i,inb);
          end
        end
      end
  end
```

```
 end
 disp(kk);
 disp(sol);
 disp(val);
```

运行结果如下：

```
4
4  2  0  0  4
14
```

可以得到最终结果为（4,2），最优解为 14。

6.3　图论中的最短路径问题

自然界中存在的大量复杂系统可以通过形形色色的网络加以描述。一个典型的复杂网络由许多节点与节点之间的边组成，其中节点用来代表真实系统中的不同实体，边用来表示实体间的关系。一种基于图论提出的模型具有相对较为复杂的拓扑结构。复杂网络建模试图解决三个问题：第一，找出可以刻画网络拓扑结构和行为的统计特性，并且给出衡量这些统计特性的方法；第二，构建网络模型以帮助我们理解这些统计特性背后的真正意义；第三，基于这些统计特性，研究网络中的行为与局部规则。

图论的研究最早起源于欧拉提出的哥尼斯堡七桥问题，自此对图形的研究不再只是单纯考虑其几何关系而是更多地考查拓扑特性。一个网络是由若干个节点通过若干条有向或无向边连接起来的用以描述节点间关系的图。在网络中，点的度是指以节点作为顶点的边的数目，即连接该节点的边的数目。若为无向图，入度则为节点作为终点的有向线段数，出度为节点为起点的有向线段数。而网络的度指网络中所有节点度的平均值。度分布 $P(k)$ 指网络中一个任意选择的节点，它的度恰好为 k 的概率。如果边上加了权值，则称这个图是一个有权图。

最短路径问题需要基于一幅复杂网络图，分析从节点 i 到节点 j 的最短路径，即使得路径中边的权值之和最小；如果是无权图，那就是需要经历的边条数最少。这个问题当然可以抽象成一个离散优化去做，但实际上有一些非常经典的算法可以解决这个问题。

Floyd 算法是解决给定的加权图中顶点间的最短路径的一种算法，可以正确处理有向图或赋权图的最短路径问题，同时也被用于计算有向图的传递闭包，是一种类似于动态规划思想的算法，稠密图效果最佳，边权可正可负，只需要三次循环。但也恰恰是由于它属于循环结构，所以 Floyd 算法适合做节点数量小而且稠密的图，能够一次输出所有节点对之间的最短路径。实现 Floyd 算法的代码如下所示：

```
Function [dist]=myfloyd(a,start,end)
n=size(a,1);path=zeros(n);
for k=1:n
      for i=1:n
            for j=1:n
```

```
                if a(I,j)>a(I,k)+a(j,k)
                    a(I,j)=a(I,k)+a(k,j);
                    path(I,j)=k;
            end
        end
    end
    dist=a(start,end);
    end
```

如果想分析具体的经过路径，可以观察 path 矩阵。path 矩阵中第（i,j）项是一个节点编号 k，表示从 i 到 j 的最短路径在 j 之前需要先到达节点 k。

下面以 n=6 的图矩阵为例对算法进行演示：

```
图矩阵 = [0,12,inf,inf,inf,16;
         12,0,10,inf,inf,7;
         inf,10,0,3,5,6;
         inf,inf,3,0,4,inf;
         inf,inf,5,4,0,2;
         16,7,6,inf,2,0];
v0 = 1; %起点
%D 最短路径的长度
[D,p] = ShortestPath_DIJ(图矩阵,v0);
for i =1:n
 fprintf("D[%d] = %6.4f\n",i,D(i));
end

%打印出 vj 与 v0 之间的路由 *
for i=2:n
vj = i;
if(D(vj) == inf)
fprintf("%d %d 之间没有路径", v0,vj);
else
fprintf("\n%d %d 之间的最短路径:\n", v0,vj);
path = vj;
while  path(end) ~= v0
path= [path, p(path(end))];
end
path=path(end:-1:1);

%打印出路径
for  i=1:length(path);
```

```
fprintf(" %d ", path(i));
if   i ~= length(path)
fprintf(" --> ");
   end
  end
end
end

function  [D,p] = ShortestPath_DIJ(图矩阵,v0)
  n = size(图矩阵,1);
  D = 图矩阵(v0,:);
  final = zeros(n,1); %若 final[i] = 1,则说明顶点 vi 已在集合 S 中

  D(v0) = 0; final(v0)= 1;   %初始化 v0 顶点属于集合 S
      %开始主循环 每次求得 v0 到某个顶点 v 的最短路径后将 v 加入集合 S 中

  p = v0 * (ones(1,n)-(D == inf)); % 如果 j 和 v0 之间的距离是无穷,则 p(j) =
0; 否则是 v0

    for  i = 2:n
    min_iv = inf;                  %min_iv 将存放在第 i 次选择的节点 v 的距离
    %(第 i 次选择的与 v0 之间具有最短路径的点 v)
    %核心过程——选点
    for  w=1:n
      if ~final(w)                 %如果 w 不在集合 S 中
        if D(w) < min_iv
        v = w; min_iv = D(w);
        end
      end
    end
    final(v) = 1;                  %选出该点后加入集合 S 中
    for w = 1:n                    %更新当前最短路径和距离
      if ~final(w) && min_iv+图矩阵(v,w)<D(w)
        D(w) = min_iv + 图矩阵(v,w);
        p(w) = v;
      end
    end
  end
end
```

最终求得结果为：

D[1] =0.0000

D[2] =12.0000

D[3] =22.0000

D[4] =22.0000

D[5] =18.0000

D[6] =16.0000

1、2 之间的最短路径：

1 → 2

1、3 之间的最短路径：

1 → 2 → 3

1、4 之间的最短路径：

1 → 6 → 5 → 4

1、5 之间的最短路径：

1 → 6 → 5

1、6 之间的最短路径：

1 → 6

一般而言，这两种方法都比较适用于无权图或权值非负的图。当图比较稠密时，Dijkstra 算法的计算代价更小一些；当节点数量不多时，Floyd 算法更好。

6.4 习 题

1. 求函数 $f(x)=x^3-2x^2+x-1$ 在区间［0,100］上的最优解。

2. 求下面整数线性规划的最优解：

$$\text{s. t. }\begin{cases}\max 7x_1+9x_2\\ -x_1+3x_2\leqslant 6\\ 7x_1+x_2\leqslant 35\\ x_1,x_2>0\text{ 且 }x_1,x_2\in\mathbf{Z}\end{cases}$$

3. 请用蒙特卡洛方法模拟求解：将 5 个球放入 3 个盒子，每个盒子均有球的概率。

4. 计算下图任意两点间的最短路。

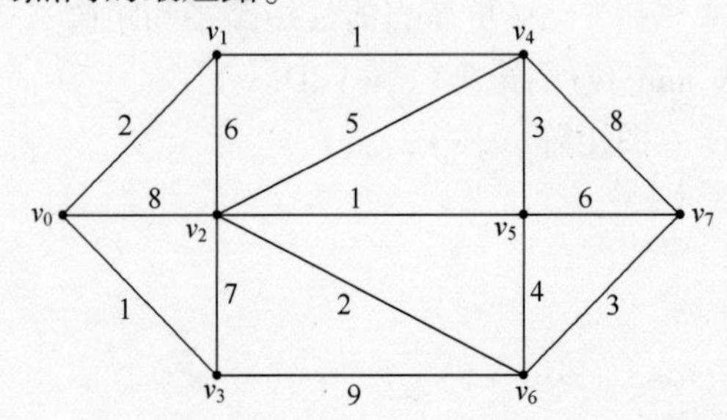

第 7 章　北太天元数值微分与积分

本 章 导 读

在高等数学中，函数的导数是用极限来定义的，如果一个函数是以数值给出的离散形式，那么它的导数就无法用极限运算方法求得，更无法用求导方法去计算函数在某点处的导数。计算积分则需要找到被积函数的原函数，然后利用牛顿-莱布尼茨（Newton-Leibniz）公式求定积分。但当被积函数的原函数无法用初等函数表示或被积函数为仅知离散点处函数值的离散函数时，就难以用牛顿-莱布尼茨公式求定积分。所以，在求解实际问题时，多采用数值方法求函数的微分和积分。

本章介绍微分与积分数值方法的基本思想，并讨论在北太天元中的实现方法。

学 习 目 标

- 了解数值微分及其实现方法。
- 掌握数值积分的基本原理和实现方法。
- 了解离散傅里叶变换的原理及实现方法。

7.1　数 值 微 分

在科学实验和生产实践中，有时要根据已知的数据点推算某一点的一阶或高阶导数，这时就要用到数值微分。

一般来说，函数的导数依然是一个函数。设函数 $f(x)$ 的导函数 $f'(x)=g(x)$，高等数学关心的是 $g(x)$ 的形式和性质，而数值积分关心的问题是怎样计算 $g(x)$ 在多个离散点 $X=(x_1,x_1,\cdots,x_n)$ 的近似值 $G=(g_1,g_2,\cdots,g_n)$，以及得到的近似值有多大误差。

7.1.1　数值差分与差商

根据离散点上的函数值求取某点导数，可以用差商极限得到近似值，即表示为

$$f'(x)=\lim_{h\to 0}\frac{f(x+h)-f(x)}{h}$$

$$f'(x)=\lim_{h\to 0}\frac{f(x)-f(x-h)}{h}$$

$$f'(x)=\lim_{h\to 0}\frac{f(x+h/2)-f(x-h/2)}{h}$$

上述公式中均假设 $h>0$，如果去掉上述等式右端的 $h\to 0$ 极限过程，并引进记号

$$\Delta f(x)=f(x+h)-f(x)$$
$$\nabla f(x)=f(x)-f(x-h)$$
$$\delta f(x)=f(x+h/2)-f(x-h/2)$$

则称 $\Delta f(x)$、$\nabla f(x)$ 及 $\delta f(x)$ 分别为函数在 x 点处以 $h(h>0)$ 为步长的向前差分、向后差分和中心差分。当步长 h 充分小时，有

$$f'(x)\approx\frac{\Delta f(x)}{h}$$
$$f'(x)\approx\frac{\nabla f(x)}{h}$$
$$f'(x)\approx\frac{\delta f(x)}{h}$$

和差分一样，称 $\Delta f(x)/h$、$\nabla f(x)/h$ 及 $\delta f(x)/h$ 分别为函数在 x 点处以 $h(h>0)$ 为步长的向前差商、向后差商和中心差商。当步长 $h(h>0)$ 足够小时，函数 f 在点 x 的微分接近函数在该点的差分，而 f 在点 x 的导数接近函数在该点的差商。

7.1.2 数值微分的实现

数值微分的基本思想是先用逼近或拟合等方法将已知数据在一定范围内的近似函数求出再用特定的方法对此近似函数进行微分。有两种方式计算任意函数 $f(x)$ 在给定点 x 的数值导数。

1. 多项式求导法

用多项式或样条函数 $g(x)$ 对 $f(x)$ 进行逼近（插值或拟合），然后将逼近函数 $g(x)$ 在点 x 处的导数作为 $f(x)$ 在点 x 处的导数。曲线拟合给出的多项式原则上是可以求任意阶导数的，从而求出高阶导数的近似值，但随着求导阶数的增加，计算误差会逐渐增大，因此，该种方法一般只用于低阶数值微分。

2. 用 diff 函数计算差分

用 $f(x)$ 在点 x 处的某种差商作为其导数。在北太天元中，没有直接提供求数值导数的函数，只有计算向前差分的函数 diff( )，其调用格式如下。

DX=diff(X)：计算向量 X 的向前差分，DX(i)=X(i+1)−X(i)，i=1,2,…,n−1。

DX=diff(X,n)：计算向量 X 的 n 阶向前差分。例如，diff(X,2)=diff(diff(X))。

DX=diff(X,n,dim)：计算矩阵 X 的 n 阶差分，dim=1 时（默认状态）按列计算差分，dim=2 时按行计算差分。

对于求向量的微分，函数 diff( )计算的是向量元素间的差分，故所得输出比原向量少了一个元素。

【例 7−1】 设 $f(x)=\sin x$，用不同的方法求函数 $f(x)$ 的数值导数，并在同一个坐标系中绘制 $f'(x)$ 的三种方法所得导数曲线。

解：为确定计算数值导数的点，假设在区间 $[0,\pi]$ 上以 $\pi/24$ 为步长求数值导数。

下面用三种方法求 $f(x)$ 在这些点的导数。第一种方法，用一个五次多项式 $p(x)$ 拟合函数 $f(x)$，并对 $p(x)$ 求一般意义下的导数 $dp(x)$，求出 $dp(x)$ 在假设点的值；第二种方法，用 diff( ) 函数直接求 $f(x)$ 在假设点的数值导数；第三种方法，先求出导函数 $f'(x)=\cos x$，然后直接求 $f'(x)$ 在假设点的导数。在一个坐标图绘制这三条曲线。

程序如下：

```
x=0:pi/24:pi;
%用五次多项式 p(x)拟合 f(x),并对拟合多项式求导数
p=polyfit(x,sin(x),5);
dp=polyder(p);
dpx=polyval(dp,x);
%直接对 sin(x)求数值导数
dx=diff(sin([x,pi+pi/24]))/(pi/24);
%求函数 f(x)的导函数
gx=cos(x);
plot(x,dpx,'b-',x,dx,'ko',x,gx,'r+');
```

运行程序，得到如图 7-1 所示的图形。结果表明，用三种方法求得的数值导数比较接近。

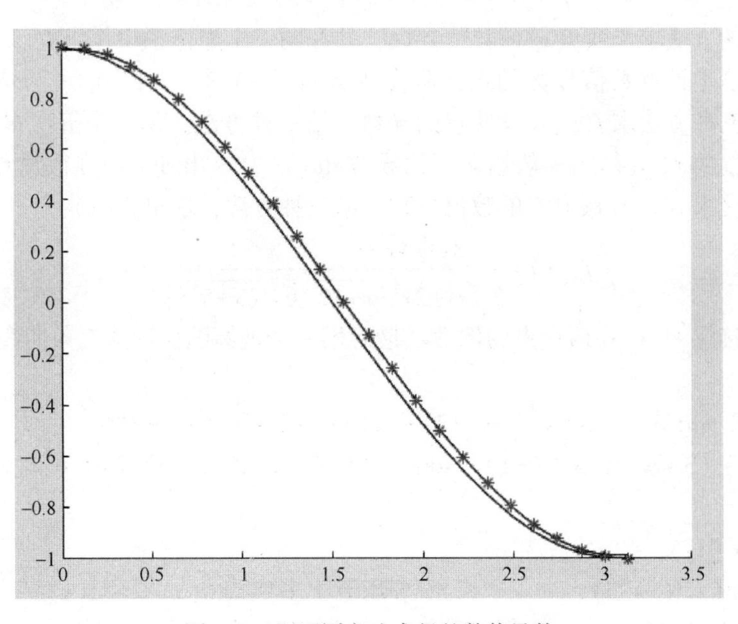

图 7-1　用不同方法求得的数值导数

对于求矩阵的差分，即为求各列或各行向量的差分，从向量的差分值可以判断列或行向量的单调性、是否等间距以及是否有重复的元素。

【例 7-2】 生成一个五阶魔方矩阵，按列进行差分运算。

命令如下：

```
>>M=magic(5)
M =
```

```
15    8    1   24   17
16   14    7    5   23
22   20   13    6    4
 3   21   19   12   10
 9    2   25   18   11
>>DM=diff(M)      %计算 M 的一阶差分
DM =

   1     6     6   -19     6
   6     6     6     1   -19
 -19     1     6     6     6
   6   -19     6     6     1
```

可以看出，diff( )函数对矩阵的每一列都进行差分运算，因而结果矩阵的列数是不变的，只有行数减 1。矩阵 DM 第 3 列的值相同，表明原矩阵的第 3 列是等间距的。

【例 7-3】 设

$$f(x)=\sqrt{x^3+2x^2-x+12}+\sqrt[6]{x+5}+5x+2$$

用不同的方法求函数 $f(x)$ 的数值导数，并在同一个坐标系中作出 $f'(x)$ 的图像。

解：为确定计算数值导数的点，假设在区间［-3,3］上以 0.01 为步长求数值导数。下面用三种方法求 $f(x)$ 在这些点的导数。第一种方法，用一个五次多项式 $p(x)$ 拟合函数 $f(x)$，并对 $p(x)$ 求一般意义下的导数 $dp(x)$，求出 $dp(x)$ 在假设点的值；第二种方法，直接求 $f(x)$ 在假设点的数值导数；第三种方法，求出 $f'(x)$：

$$f'(x)=\frac{3x^2+4x-1}{2\sqrt{x^3+2x^2-x+12}}+\frac{1}{6\sqrt[6]{(x+5)^5}}+5$$

然后直接求 $f'(x)$ 在假设点的倒数。最后用一个坐标图显示这三条曲线。

程序如下：

```
f=@(x) sqrt(x.^3+2*x.^2-x+12)+(x+5).^(1/6)+5*x+2;
g=@(x) (3*x.^2+4*x-1)./sqrt(x.^3+2*x.^2-x+12)/2+1/6./(x+5).^(5/6)
+5;
x=-3:0.01:3;
p=polyfit(x,f(x),5);                  %用五次多项式 p(x)拟合 f(x)
dp=polyder(p);                        %对拟合多项式 p(x)求导数 dp
dpx=polyval(dp,x);                    %求 dp(x)在假设点的函数值
dx=diff(f([x,3.01]))/0.01;            %直接对 f(x)求数值导数
gx=g(x);                              %求函数 f(x)的导函数 g(x)在假设点的导数
plot(x,dpx,x,dx,'.',x,gx,'-');        %作图
```

运行程序，得到如图 7-2 所示的图形。结果表明，用三种方法求得的数值导数比较接近。

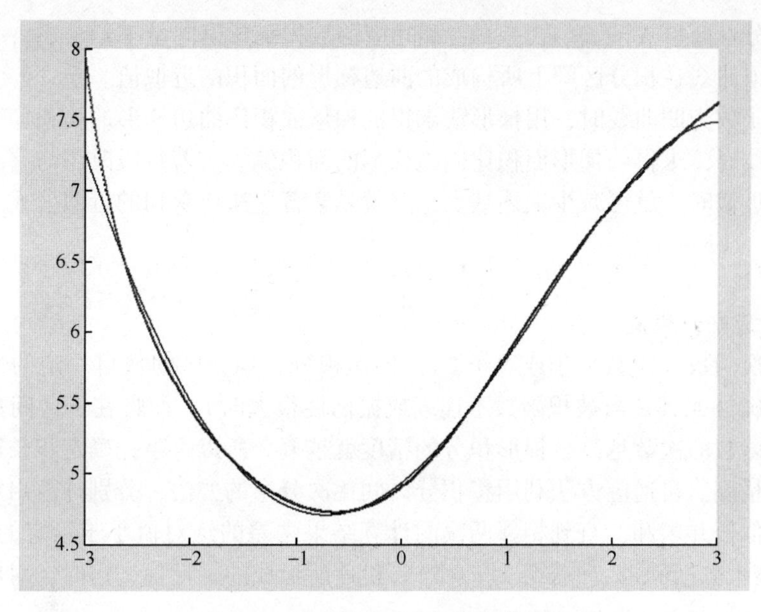

图 7-2　用不同方法求得的数值导数

试一试：在区间[0,2π]上随机采样，求函数 $f(x)=\sin^2 x$ 在各点的数值导数，并与理论值 $f'(x)=\sin(2x)$ 进行比较。

7.2　数 值 积 分

在工程及实际工作中经常会遇到求定积分的问题，如求机翼曲边的长度。利用牛顿-莱布尼茨公式可以精确地计算定积分的值，但它仅适用于被积函数的原函数能用初等函数表达出来的情形，大多数实际问题找不到原函数，或找到的原函数比较复杂，需要用数值方法求积分近似值。

7.2.1　数值积分的原理

求解定积分的数值方法有多种，如矩形（Rectangular）法、梯形（Trapezia）法、辛普生（Simpson）法和牛顿-柯特斯（Newton-Cotes）法等都是经常采用的方法。它们的基本思想都是将整个积分区间 $[a,b]$ 分成 n 个子区间 $[x_i,x_{i+1}]$，$i=1,2,\cdots,n$，其中 $x_1=a$，$x_{n+1}=b$。这样求定积分问题就分解为下面的求和问题：

$$S=\int_a^b f(x)\,\mathrm{d}x=\sum_{i=1}^{n}\int_{x_i}^{x_{i+1}} f(x)\,\mathrm{d}x$$

在每一个小的子区间上可以近似求得定积分的值，即采用分段线性近似。

1. 梯形法

将区间 $[a,b]$ 分成 n 等份，在每个子区间上用梯形代替曲边梯形，可得到求积的近似公式为

$$\int_a^b f(x)\,\mathrm{d}x \approx \frac{(b-a)}{2n}\Big(f(a)+2\sum_{i=1}^{n-1} f(x_i)+f(b)\Big)$$

当区间分点向量 $\boldsymbol{X}=(x_0,x_1,\cdots,x_n)$ 和相应的被积函数值向量 $\boldsymbol{Y}=(y_0,y_1,\cdots,y_n)$ 已知时，可以求得曲线在积分区间上所构成的曲边梯形的面积的近似值。

当被积函数为凹曲线时，用梯形法求得的梯形面积比曲边梯形的面积偏小；当被积函数为凸曲线时，求得的梯形面积比曲边梯形的面积偏大。若每段改用与它凸性相接近的抛物线来近似时，就可减少上述缺点，这就是辛普生法，求积的近似公式为

$$\int_a^b f(x)\mathrm{d}x \approx \frac{(b-a)}{6n}[y_0+y_{2n}+4(y_1+y_3+\cdots+y_{2n-1})+2(y_2+y_4+\cdots+y_{2n-2})]$$

2. 自适应辛普生法

对于高次函数（次数大于或等于 2），梯形积分在划分区间数目一定的情况下可能会变得不精确（尤其是当被积函数不连续或振荡性很大时），而且在子区间数固定的情况下，被积函数的次数越高，梯形积分的精度就越差。所以，事先确定步长可能使结果达不到预期精度。自适应方法利用将积分区间逐次分半的办法，分别计算出每个子区间的定积分近似值并求和，直到相邻两次的计算结果之差的绝对值小于给定的误差为止。如果用 T_m 表示分区间 $[a,b]$ 被分为 $n=2^m$ 等份后所形成的梯形值，这时，对应的子区间长度为

$$h_m=\frac{b-a}{2^m},m=0,1,2,\cdots$$

经过计算，得

$$T_0=\frac{b-a}{2}[f(a)+f(b)]$$

$$T_1=\frac{b-a}{2\times 2}\left[f(a)+f(b)+2f\left(a+\frac{b-a}{2}\right)\right]=\frac{T_0}{2}+\frac{b-a}{2}f\left(a+\frac{b-a}{2}\right)=\frac{T_0}{2}+h_1 f(a+h_1)$$

$$\begin{aligned}T_2&=\frac{b-a}{2\times 2^2}\left[f(a)+f(b)+2\sum_{k=1}^{3}f\left(a+k\frac{b-a}{2^2}\right)\right]\\&=\frac{T_1}{2}+\frac{b-a}{2^2}\sum_{i=1}^{2}f\left(a+(2i-1)\frac{b-a}{2^2}\right)=\frac{T_1}{2}+h_2\sum_{i=1}^{2}f(a+(2i-1)h_2)\end{aligned}$$

$$\begin{aligned}T_3&=\frac{b-a}{2\times 2^3}\left[f(a)+f(b)+2\sum_{k=1}^{7}f\left(a+k\frac{b-a}{2^3}\right)\right]\\&=\frac{T_2}{2}+\frac{b-a}{2^3}\sum_{i=1}^{4}f\left(a+(2i-1)\frac{b-a}{2^3}\right)=\frac{T_2}{2}+h_3\sum_{i=1}^{4}f(a+(2i-1)h_3)\end{aligned}$$

一般地，若 T_{m-1} 已算出，则

$$T_m=\frac{T_{m-1}}{2}+h_m\sum_{i=1}^{2^{m-1}}f(a+(2i-1)h_m)$$

辛普生求积公式为

$$S_m=\frac{4T_m-T_{m-1}}{3}$$

根据上述递推公式，不断计算积分近似值，直到相邻两次的积分近似值 S_m 和 S_{m-1} 满足如下条件为止：

$$|S_m-S_{m-1}|\leqslant\varepsilon(1+|S_m|)$$

自适应求积方法不需要事先确定步长，能对每步的计算结果估计误差，是一种稳定的和收敛的求积方法。

3. 高斯-克朗罗德（Gauss-Kronrod）法

辛普生求积公式是封闭型的（即区间的两端点均是求积节点），而且要求求积节点是等距的，其代数精确度只能是 n（n 为奇数）或 $n+1$（n 为偶数）。高斯-克朗罗德法对求积节点也进行适当的选取，即在求积公式中对 x_i 加以选择，从而可提高求积公式的代数精确度。

7.2.2　定积分的数值求解实现

在北太天元中可以使用 integral( )、quadgk( )、trapz( ) 函数计算数值积分。

1. 自适应积分算法

北太天元提供了基于全局自适应积分算法的 integral( ) 函数来求定积分。函数的调用格式如下：

```
Q = integral(intfcn,a,b,intopts)
Q = integral(intfcn,a,b)
```

其中，intfcn 是被积函数，积分限 a 和 b 为实数（有限或无限）标量值或复数（有限）标量值。其中 intopts = struct(param1,value1,...) 是属性名，常用属性和可取值见表 7-1。

表 7-1　积分器的常用属性和可取值

属性名	可取值
AbsTol	绝对误差，可取值为 single 或 double 类型的非负数，默认为10^{-10}
RelTol	相对误差，可取值为 single 或 double 类型的非负数，默认为10^{-6}
Array Valued	被积函数的自变量可否为数组。值为 true 或 1 时，表明被积函数的自变量可以是标量返回值为向量、矩阵或 N 维数组；值为 false 或 0 时，表明被积函数的自变量为向量返回值为向量。默认值为 false
Waypoints	积分拐点，由实数或复数构成的向量

【例 7-4】 求定积分：

$$\int_0^{\pi} \frac{x\sin x}{1 + |\cos x|} dx$$

（1）建立被积函数文件 fe.m。

```
function f=fe(x)
f=x.*sin(x)./(1+abs(cos(x)));
```

（2）调用数值积分函数 integral 求定积分。

```
>> q=integral(@fe,0,pi)
q =


    2.1776
```

在建立被积函数文件时，被积函数的参数通常是向量，所以被积函数定义中的表达式使用数组运算符（即点运算符）。

2. 高斯-克朗罗德法

北太天元提供了基于自适应高斯-克朗罗德法的 quadgk( )函数来求振荡函数的定积分。该函数的调用格式如下：

Q=quadgk(intfcn,a,b)：使用高阶全局自适应高斯-勒让德积分法和默认误差容限求标量值函数 intfcn 从 a 到 b 的积分，intfcn 是一个函数句柄。

函数 y=intfcn(x)接收向量参数 x 并返回向量 y，即在 x 的每个元素处计算的被积函数。

积分限 a 和 b 可以是-Inf 或 Inf。如果 a 和 b 都是有限值，它们可以是复数。如果 a 和 b 至少有一个是复数，则在复平面上从 a 至 b 沿直线路径求取积分。

[Q,errbnd]=quadgk(intfcn,a,b)返回绝对误差|Q-I|的逼近上限，其中 I 是积分精确值。

[Q,errbnd]=quadgk(intfcn,a,b,intopts)设置名称-值对组参数积分选项 intopts，其中 intopts=struct(param1,value1,…)，包含以下字段：

'AbsTol'：绝对误差容限，默认为 1e-10（双精度）或 1e-5（单精度）。

'RelTol'：相对误差容限，默认为 1e-6（双精度）或 1e-4（单精度）。

'Waypoints'：积分路点向量，默认为 [ ]。

'MaxIntervalCount'：允许的最大区间数，默认为 650。

【例 7-5】求定积分：

$$\int_0^1 e^x \ln x dx$$

命令如下：

```
>> I=quadgk(@(x)exp(x).*log(x),0,1)
I =
   -1.3179
```

3. 梯形积分法

在科学实验和工程应用中，函数关系往往是不知道的，只有实验测定的一组样本点和样本值，这时无法使用 integral( )函数计算其定积分。在北太天元中，提供了函数 trapz( )对由表格形式定义的离散数据用梯形法求定积分，函数的调用格式如下。

T=trapz(Y)：用于求均间距的积分。通常，若输入参数 Y 是向量，则采用单位间距（即间距为 1）计算 Y 的近似积分；若 Y 是矩阵，则输出参数 T 是一个行向量，T 的每个元素分别存储 Y 的每一列的积分结果。

【例 7-6】用 trapz( )函数求积分。

```
>> Z=trapz(55,65,78,89)
Z =
   0
>> Z=trapz([1,11; 4,22; 9,33;16,44; 25,55])
Z =
42     132
```

7.2.3　多重定积分的数值求解

定积分的被积函数是一元函数，积分范围是一个区间；多重积分的被积函数是二元函数或三元函数，原理与定积分类似，积分范围是平面上的一个区域或空间中的一个区域。二重积分常用于求曲面面积、曲顶柱体体积、平面薄片重心、平面薄片转动惯量等，三重积分常用于求空间区域的体积、质量、质心等。

北太天元中提供的 integral2( )、quad2d( ) 函数用于求二重积分 $\int_c^d \int_a^b f(x,y)\mathrm{d}x\mathrm{d}y$ 的数值解，integral3( ) 函数用于求三重积分 $\int_e^f \int_c^d \int_a^b f(x,y,z)\mathrm{d}x\mathrm{d}y\mathrm{d}z$ 的数值解。函数的调用格式如下：

```
q=integral2(fun, xmin, xmax, ymin, ymax, Name , Value )
q=quad2d(fun, xmin, xmax, ymin, ymax)
[q,errbnd]=quad2d(fun, xmin, xmax, ymin, ymax, Name , Value)
```

其中，输入参数 fun 为被积函数，[xmin,xmax]为 x 的积分区域，[ymin,ymax]为 y 的积分区域，[zmin,zmax]为 z 的积分区域，选项 Name 的用法及可取值与函数 integral( ) 相同。输出参数 q 返回积分结果，errbnd 用于返回计算误差。

【例 7-7】 计算二重定积分：

$$\int_{-1}^{1}\int_{-2}^{2} \mathrm{e}^{-x^2/2}\sin(x^2+y)\mathrm{d}x\mathrm{d}y$$

命令如下：

```
>> fxy=@ (x,y)exp(-x.^2/2).*sin(x.^2+y);
>> I=integral2(fxy,-2,2,-1,1)
I =

    1.5745
```

7.3　离散傅里叶变换

离散傅里叶变换（DFT）广泛应用于信号分析、光谱和声谱分析、全息技术等各个领域。但直接计算离散傅里叶变换的运算量与变换的长度 N 的平方成正比，当 N 较大时，计算量太大。计算机技术的迅速发展，使在计算机上进行离散傅里叶变换的计算成为可能。

北太天元提供了一套计算快速傅里叶变换（FFT）的函数，包括求一维、二维和 N 维快速傅里叶变换的函数，fft( )、fft2( ) 和 fftn( )，求上述各维快速傅里叶变换的逆变换函数 ifft( )、ifft2( ) 和 ifftn( ) 等，为离散傅里叶变换的应用创造了条件。本节先简要介绍离散傅里叶变换的基本概念和变换公式，然后讨论北太天元中离散傅里叶变换的实现。

7.3.1　离散傅里叶变换算法简介

在某时间片等距地抽取 N 个抽样时间 t_m 处的样本值 $f(t_m)$，且记作 $f(m)$，这里 $m=0,1,\cdots,N-1$，称向量 $F(k),k=0,1,\cdots,N-1$ 为 $f(m)$ 的一个离散傅里叶变换，其中：

$$F(k)=\sum_{m=0}^{N-1} f(m)\mathrm{e}^{-\mathrm{j}2\pi mk/N},k=0,1,\cdots,N-1$$

因为北太天元不允许有零下标，所以将上述公式中 m 的下标均加 1，得到相应的公式：

$$F(k)=\sum_{m=1}^{N} f(m)\mathrm{e}^{-\mathrm{j}2\pi(m-1)(k-1)/N},k=1,2,\cdots,N$$

由 $f(m)$ 求 $F(k)$ 的过程，称为求 $f(m)$ 的离散傅里叶变换，或称为 $F(k)$ 为 $f(m)$ 的离散频谱。反之，由 $F(k)$ 逆求 $f(m)$ 的过程，称为离散傅里叶逆变换，相应的变换公式为

$$f(m)=\frac{1}{N}\sum_{k=1}^{N} F(k)\mathrm{e}^{\mathrm{j}2\pi(m-1)(k-1)/N},m=1,2,\cdots,N$$

7.3.2　离散傅里叶变换的实现

北太天元提供了对向量或直接对矩阵进行离散傅里叶变换的函数。下面只介绍一维离散傅里叶变换函数，其调用格式与功能如下。

fft(X)：返回向量 X 的离散傅里叶变换。设 X 的长度（即元素个数）为 N，若 N 为 2 的幂次，则为以 2 为基数的快速傅里叶变换，否则为运算速度很慢的非 2 幂次的算法。对于矩阵 X，fft(X)应用于矩阵的每一列。

fft(X,N)：计算 N 点离散傅里叶变换。它限定向量的长度为 N，若 X 的长度小于 N，则不足部分补零；若大于 N，则删去超出 N 的那些元素。对于矩阵 X，它同样应用于矩阵的每一列，只是限定了向量的长度为 N。

fft(X,[ ],dim)或 fft(X,N,dim)：这是对矩阵而言的函数调用格式，前者的功能与 fft(X)基本相同，而后者则与 fft(X,N)基本相同。只是当参数 dim=1 时，该函数作用于 X 的每一列；当 dim=2 时，该函数作用于 X 的每一行。

值得一提的是，当已知给出的样本数 N_0 不是 2 的幂次时，可以取一个 N 使它大于 N_0 且是 2 的幂次，然后利用函数格式 fft(X,N)或 fft(X,N,dim)便可进行离散傅里叶变换。这样，计算速度将大大加快。

相应地，一维离散傅里叶逆变换函数是 ifft。ifft(F)返回 F 的一维离散傅里叶逆变换；ifft(F,N)为 N 点逆变换；ifft(F,[ ],dim)或 ifft(F,N,dim)则由 N 或 dim 确定逆变换的点数或操作方向。

【例 7-9】给定数学函数

$$x(t)=12\sin(2\pi\times 10t+\pi/4)+5\cos(2\pi\times 40t)$$

取 $N=128$，试对 1 在 0~1s 采样，用 fft( )函数作快速傅里叶变换，绘制相应的振幅—频率图。

解：在 0~1s 内采样 128 点，从而可以确定采样周期和采样频率。由于离散傅里叶

变换时的下标为 0 到 $N-1$，故在实际应用时下标应该减 1。又考虑到对离散傅里叶变换来说，其振幅 $|F(k)|$ 是关于 $N/2$ 对称的，故只需要使 k 在 $0\sim N/2$ 中即可。

程序如下：

```
N=128;                                          %采样点数
T=1;                                            %采样时间终点
t=linspace(0,T,N);                              %给出 N 个采样时间 ti(i=1:N)
x=12*sin(2*pi*10*t+pi/4)+5*cos(2*pi*40*t);      %求各采样点样本值 x
dt=t(2)-t(1);F=1/dt;                            %采样周期
f=1/dt;                                         %采样频率(Hz)
X=fft(x);                                       %计算 x 的快速傅里叶变换
F=X(1:N/2+1);                                   %F(k)=X(k)(k=1:N/2+1)
f=f*(0:N/2)/N;                                  %使频率轴 f 从零开始
plot(f,abs(F),'-*')                             %绘制振幅-频率图
xlabel('Frequency');
ylabel('|JF(k)|')
```

运行程序，绘制的振幅-频率图如图 7-3 所示。从图中可以看出，在幅值曲线上有两个峰值点，对应的频率分别为 10Hz 和 40Hz，这正是给定函数中的两个频率值。

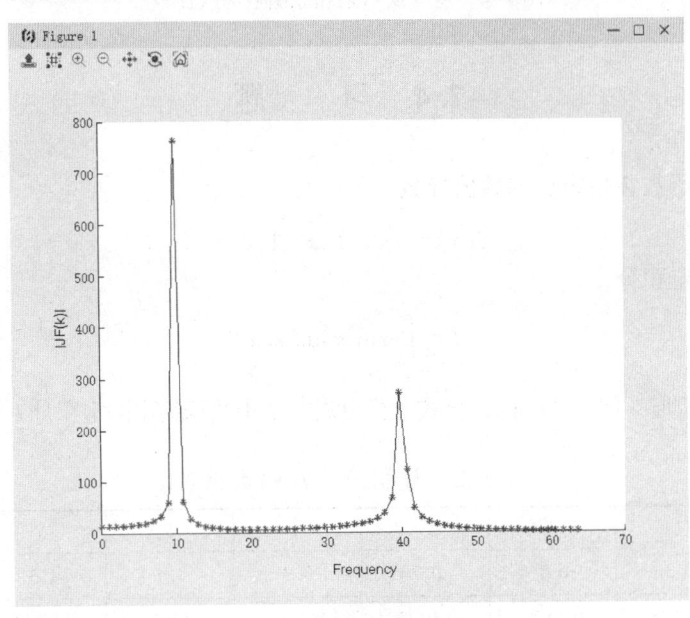

图 7-3　振幅-频率图

求 X 的快速傅里叶逆变换，并与原函数进行比较。

```
>>ix=real(ifft(X));            %求逆变换,结果只取实部
>> plot(t,x,t,ix,':')          %逆变换结果和原函数的曲线
>> norm(x-ix)                  %逆变换结果和原函数之间的距离
  ans =
  1.6064e-14
```

逆变换结果和原函数曲线如图 7-4 所示，可以看出二者一致。另外，逆变换结果和原函数之间的距离也很接近。

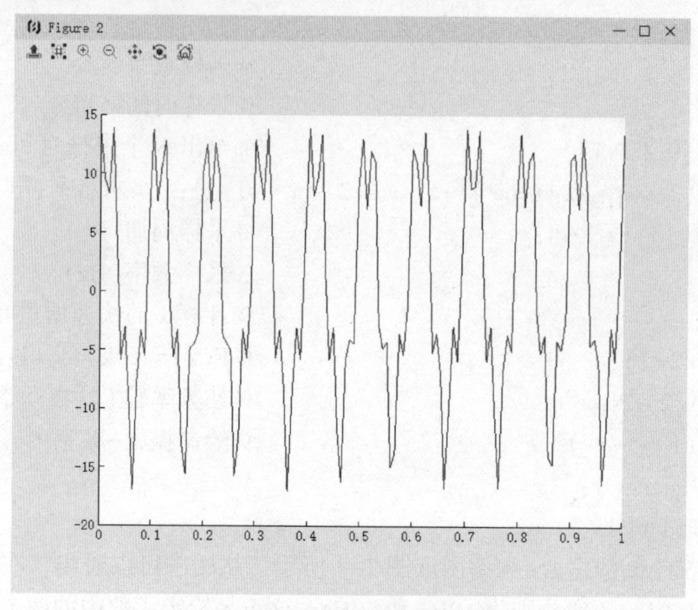

图 7-4　逆变换结果和原函数曲线比较

7.4　习　　题

1. 求下列函数在指定点的数值导数。

$$f(x)=\sqrt{x^2+1},x=1,2,3$$

2. 求下列定积分。

$$I=\int_0^x \sin^5 x\sin 5x\mathrm{d}x$$

3. 分别用矩形、梯形（trapz）公式计算由表 7-2 中数据给出的定积分 $I=\int_{0.3}^{1.5}f(x)\mathrm{d}x$ 。

表 7-2　被积函数 $f(x)$ 数据表

k	1	2	3	4	5	6	70.3
x_k	0.3	0.5	0.7	0.9	1.1	1.3	1.5
$f(x_k)$	0.3895	0.6598	0.9147	1.1611	1.3971	1.6212	1.8325

4. 求下列二重定积分。

$$I=\int_0^1\int_0^1\frac{1}{\sqrt{x^2+y^2}}\mathrm{d}x\mathrm{d}y$$

5. 已知 $h(t)=\mathrm{e}^{-t}$，$t\leqslant 0$，取 $N=64$，对 t 在 0~5s 内采样，用 fft( ) 函数作快速傅里叶变换，并绘制相应的振幅—频率图。

第 8 章　常见数学建模问题应用

数学建模就是使用各种数学方法来解决实际生活中的应用问题。

数学建模是工程应用类学科的核心内容，多数理工类、社科类学科都可以用数学来表达自己解决问题的思想和方法，并和别的专业或者方向分享这些思想与方法。只有当其使用数学表达和计算时，才是优秀并且精确的学科。实际的数学建模过程一般包括以下步骤。

（1）分析实际问题中的各种因素，使用符号变量表示。

（2）分析这些变量之间的关系，哪些是相互依存关联的，哪些是独立的。

（3）根据实际问题选用合适的数学模型（典型的有优化问题、配置问题等），并将具体的应用问题在这个数学模型下表示出来。

（4）选用合适的算法求解出该数学模型的结果。

（5）使用计算结果解释实际问题，并且分析结果的可靠性。

数学建模需要以下几种能力。

- 数学思维能力：分析问题本质的能力。
- 资料检索能力：可以使用 Google、百度等互联网资源与图书馆、数据库进行检索。
- 编程的能力：常用的数学工具软件有北太天元、MATLAB 和 Mathematica。

因为北太天元容易入手、计算功能强大、拥有丰富的数据可视化函数等，所以它已经成为数学建模领域中重要的、应用广泛的国产工具软件。本章介绍北太天元在一些基本数学模型中的应用。

8.1　基于北太天元的蒙特卡洛模拟

8.1.1　蒙特卡洛方法简介

蒙特卡洛方法（Monte Carlo method）也称为统计模拟方法，是在 20 世纪 40 年代中期因科学技术的发展和电子计算机的发明而提出的以概率统计理论为指导的一类非常重要的数值计算方法，它是指使用随机数（或更常见的伪随机数）来模拟解决很多计算问题的方法。蒙特卡洛方法的名字来源于位于摩纳哥的城市蒙特卡洛，该城市以赌博业闻名，而蒙特卡洛模拟正是以概率为基础的方法。与蒙特卡洛方法对应的则是一般的确定性算法。

蒙特卡洛方法在宏观经济学、金融工程学、生物医学和计算物理学（如空气动力学、计算粒子输运计算、量子热力学计算）等领域的应用较为广泛。

1. 蒙特卡洛方法的基本思想

当所要求解是某种随机事件出现的概率或者某个随机变量的期望值时，可通过某种“模拟实验”的方法，以这种事件出现的频率估计这一随机事件的概率，或者得到这个随机变量的某些数学（统计）特征，并将其作为问题的解。有一个例子可以让大家比较直观地了解蒙特卡洛方法：假如我们要计算一个不规则图形的面积，那么图形的不规则程度和分析性计算（比如积分）的复杂程度是成正比的。蒙特卡洛方法是怎么计算的呢？假想你有一袋豆子，首先把豆子均匀地撒到这个图形上，然后数出这个图形内外各有多少颗豆子，计算图形内豆子占所有豆子的比例，再乘以撒豆子的总面积就可以得到该图形的面积。豆子越小，撒得越多，所得结果就会越精确。在这里要假定豆子都在一个平面上，且位置上没有相互重叠。

2. 蒙特卡洛方法的工作过程

在使用蒙特卡洛方法解决实际问题时，主要有以下两部分的工作。

（1）用蒙特卡洛方法模拟某一随机过程时，需要产生各种概率分布的随机变量，并根据数学模型推算出其他变量。

（2）用统计方法把模型的数学特征估计出来，从而得到实际问题的数值解。

3. 蒙特卡洛方法在数学中的应用

通常蒙特卡洛方法通过构造符合一定规则的随机数来解决数学上的各种问题。对于那些由于计算过于复杂而难以得到解析解或者根本没有解析解的问题，蒙特卡洛方法则是一种可以有效求出数值解的常用方法。蒙特卡洛方法在数学中最常见的应用就是蒙特卡洛积分。

8.1.2 蒙特卡洛方法编程示例

蒙特卡洛方法的实现对于北太天元语言来说相对比较简单。因为与 MATLAB 类似，北太天元软件也是以矩阵为基本计算单位的，在模拟过程中，C/C++语言需要使用循环来进行计算。对于蒙特卡洛方法来说，循环结构通常是可以避免的。

【例 8-1】 利用蒙特卡洛方法求单位圆的面积，进而计算圆周率。

首先，使用均匀分布在边长为 1 的正方形面积内生成随机数。然后，计算随机数落在圆内的比例，那么就可以得到圆占正方形面积的比例了，进而可以反推出圆周率。不过，因为蒙特卡洛方法是一种随机方法，所以这个圆周率的误差比使用其他解析方法得到的结果误差要大很多。

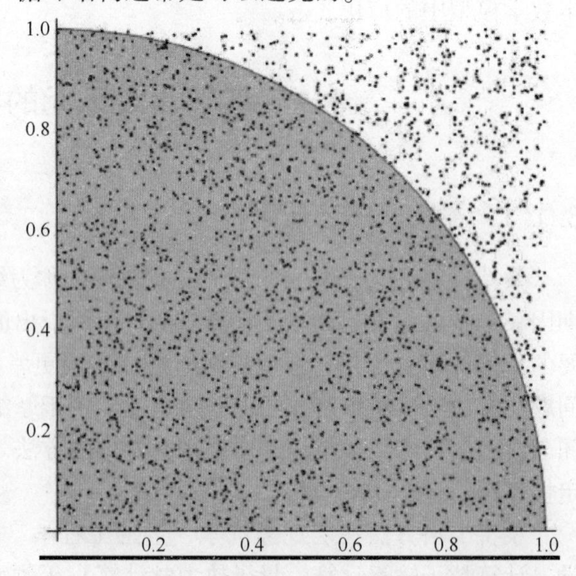

因为 rand( ) 函数生成的是 1 以内的均匀分布随机数，为了方便，这里只计算 1/4 圆的面积。相应的代码如下：

```
>> clear
>> A=rand(1000,1000);
>> B=rand(1000,1000);
>> C=sqrt(A.^2+B.^2);
>> D=logical(C<=1);
>> F=sum(D(:));
>> mypi=F/numel(A)*4        %计算 pi，其中 numel(A)为 A 中的元素个数
mypi =
    3.1423
```

从计算结果可以看出，当随机数个数足够多时用蒙特卡洛算法得到的圆周率误差不算很大。

利用蒙特卡洛方法求线性规划的近似最优解，可以看下面的例子：

$$\max x_1+x_2+3x_3+x_4+2x_5$$

$$\text{s. t.}\begin{cases} x_1+x_2+x_3+x_4+x_5\leqslant 400 \\ x_1+2x_2+2x_3+x_4+6x_5\leqslant 800 \\ 2x_1+x_2+6x_3\leqslant 200 \\ x_3+x_4+5x_5\leqslant 200 \end{cases}$$

问题求解代码如下：

```
f0=0; x0=0;
for   i=1:1000000
    x=randi([0,99],1,5);
    [f,g]=fcons(x);
    if    all(g<=0)
        if    f>f0
            x0=x;
            f0=f;
        end
    end
end
f0   x0

function   [f,g]=fcons(x)
f=-x(1)+x(2)+3*x(3)+4*x(4)+2*x(5);     %约束函数
g=[sum(x)-400     %sum()函数用于对向量求和，或对矩阵的列求和，即
x(1)+x(2)+x
x(1)+2*x(2)+2*x(3)+x(4)+6*x(5)-800
2*x(1)+x(2)+6*x(3)-200
x(3)+x(4)+5*x(5)-200];
end
```

得到的结果为:

```
x0 =
     2    86    17    99    14
p =
   559
```

蒙特卡洛算法求解规划问题的本质就是在大的范围内进行多次随机采样，再统计出可行域内的最优样本点。

8.2 基于北太天元的灰色系统的理论与应用

灰色系统理论是20世纪80年代由华中理工大学邓聚龙教授首先提出并创立的一门新兴学科。它是一个基于数学理论的系统工程学科，主要用于解决一些包含未知因素的特殊领域的问题，广泛地应用于农业、地质、气象等学科。本节介绍灰色系统理论及其北太天元软件实现。

8.2.1 GM(1,1)预测模型简介

1. GM(1,1)灰色系统

所谓灰色系统是指既含有已知信息又含有未知信息的系统，是邓聚龙教授在1986年提出的。灰色理论诞生以来，其理论和应用发展得很快。由于其所需要的因素少、模型简单，特别是对于因素空间难以穷尽、运行机制尚不明确、缺乏确定关系的信息系统来说，灰色系统理论及方法提供了新的思路和有益尝试。

灰色预测方法根据过去及现在已知的或未知的信息，来确定系统在未来发展变化的趋势，为规划决策提供参考依据。在灰色预测模型中，采用对时间序列数量大小进行预测的策略，减弱了随机性，增强了其系统的确定性。此时在生成层次上求解得到生成函数，据此建立被求序列的数列预测，其预测模型是一个一阶微分方程，即只有一个变量的灰色模型，记为GM(1,1)模型。

灰色GM(1,1)预测模型在计算过程中主要以矩阵运算为主，它和北太天元软件、MATLAB软件的结合都可以有效地解决灰色系统理论在矩阵计算中的问题，为灰色系统理论的应用提供了一种新的程序实现方法。

2. GM(1,1)预测模型的基本原理

GM(1,1)模型是灰色预测的核心内容，它是一个单变量预测的一阶微分方程模型，其离散时间响应函数近似呈指数规律。GM(1,1)模型的建立方法如下。

设 $X^{(0)}=\{X^{(0)}(1),X^{(0)}(2),\cdots,X^{(0)}(n)\}$ 为原始非负时间序列，$X^{(1)}(t)$ 为累加生成序列，即

$$X^{(1)}(t)=\sum_{m=1}^{t}X^{(0)}(m),t=1,2,\cdots,n \tag{8-1}$$

设GM(1,1)模型的白化微分方程为

$$\frac{\mathrm{d}X^{(1)}}{\mathrm{d}t}+aX^{(1)}=b \tag{8-2}$$

式中，a 为待辨识参数，亦称发展系数；b 为待辨识内生变量，亦称灰作用量。设待辨识向量 $\boldsymbol{u}=\begin{pmatrix}a\\b\end{pmatrix}$，按最小二乘法求得 $\boldsymbol{u}=(\boldsymbol{B}^{\mathrm{T}}\boldsymbol{B})^{-1}\boldsymbol{B}^{\mathrm{T}}\boldsymbol{y}$，式中：

$$\boldsymbol{B}=\begin{bmatrix} -\frac{1}{2}(X^{(1)}(1)+X^{(1)}(2)) & 1 \\ -\frac{1}{2}(X^{(1)}(2)+X^{(1)}(3)) & 1 \\ \vdots & \vdots \\ -\frac{1}{2}(X^{(1)}(n-1)+X^{(1)}(n)) & 1 \end{bmatrix},\quad \boldsymbol{y}=\begin{bmatrix} X^{(0)}(2) \\ X^{(0)}(3) \\ \vdots \\ X^{(0)}(n) \end{bmatrix}$$

确定了参数 a、b 后，就可以可得到灰色预测的离散时间响应函数：

$$\hat{X}^{(1)}(t+1)=\left(X^{(0)}(1)-\frac{b}{a}\right)\mathrm{e}^{-at}+\frac{b}{a} \tag{8-3}$$

$\hat{X}^{(1)}(t+1)$为所得的累加预测值，将预测值还原为

$$\hat{X}^{(0)}(t+1)=\hat{X}^{(1)}(t+1)-\hat{X}^{(1)}(t),t=1,2,\cdots,n \tag{8-4}$$

8.2.2　灰色预测计算示例

【例 8-2】 如表 8-1 所示为北方某城市 1986—1992 年的道路交通噪声平均声级数据。

表 8-1　某市 1986—1992 年来交通噪声数据

序　号	年　份	L_{eq}/dB(A)	序　号	年　份	L_{eq}/dB(A)
1	1986	71.1	5	1990	71.4
2	1987	72.4	6	1991	72.0
3	1988	72.4	7	1992	71.6
4	1989	72.1			

1. 级比检验

建立如下交通噪声平均声级数据时间序列。

$$\begin{aligned}\boldsymbol{x}^{(0)}&=(x^{(0)}(1),x^{(0)}(2),\cdots,x^{(0)}(7))\\&=(71.1,72.4,72.4,72.1,71.4,72.0,71.6)\end{aligned}$$

（1）求级比 $\lambda(k)$。

$$\lambda(k)=\frac{x^{(0)}(k-1)}{x^{(0)}(k)}$$

$$\begin{aligned}\lambda&=(\lambda(2),\lambda(3),\cdots,\lambda(7))\\&=(0.982,1,1.0042,1.0098,0.9917,1.0056)\end{aligned}$$

（2）判断级比。

由于所有的 $\lambda(k)\in[0.982,1.0098],k=2,3,\cdots,7$，因此可以用 $\boldsymbol{x}^{(0)}$ 进行 GM(1,1) 建模。

2. GM(1,1)建模

（1）对原始数据 $\boldsymbol{x}^{(0)}$ 进行一次累加，生成累加序列，即

$$\boldsymbol{x}^{(1)}=(71.1.143.5,215.9,288,359.4,431.4,503)$$

（2）构造数据矩阵 $\boldsymbol{B}$ 及数据向量 $\boldsymbol{y}$。

$$\boldsymbol{B}=\begin{bmatrix} -\frac{1}{2}(x^{(1)}(1)+x^{(1)}(2)) & 1 \\ -\frac{1}{2}(x^{(1)}(2)+x^{(1)}(3)) & 1 \\ \vdots & \vdots \\ -\frac{1}{2}(x^{(1)}(6)+x^{(1)}(7)) & 1 \end{bmatrix},\quad \boldsymbol{y}=\begin{bmatrix} x^{(0)}(2) \\ x^{(0)}(3) \\ \vdots \\ x^{(0)}(7) \end{bmatrix}$$

（3）计算待辨识向量 $\boldsymbol{u}$。

$$\boldsymbol{u}=(a,b)^{\mathrm{T}}=(\boldsymbol{B}^{\mathrm{T}}\boldsymbol{B})^{-1}\boldsymbol{B}^{\mathrm{T}}\boldsymbol{y}=\begin{bmatrix} 0.0023 \\ 72.6573 \end{bmatrix}$$

于是得到 $a=0.0023$，$b=72.6573$。

（4）建立微分方程模型。

$$\frac{\mathrm{d}x^{(1)}}{\mathrm{d}t}+0.0023x^{(1)}=72.6573$$

求解得：

$$\hat{x}^{(1)}(k+1)=\left(x^{(0)}(1)-\frac{b}{a}\right)\mathrm{e}^{-ak}+\frac{b}{a}=-30929\mathrm{e}^{-0.0023k}+31000$$

（5）预测生成的累加数列值 $\hat{x}^{(1)}(k+1)$ 及灰色模型预测值 $\hat{x}^{(0)}(k+1)$。

令 $k=1,2,\cdots,6$，由上面的时间响应函数可算得 $\hat{x}^{(1)}$，其中

$$\hat{x}^{(1)}(1)=\hat{x}^{(0)}(1)=x^{(0)}(1)=71.1$$

由 $\hat{x}^{(0)}(k)=\hat{x}^{(1)}(k)-\hat{x}^{(1)}(k-1)$，取 $k=2,3,\cdots,7$，得

$$\begin{aligned}\hat{\boldsymbol{x}}^{(0)}&=(\hat{x}^{(0)}(1),\hat{x}^{(0)}(2),\cdots,\hat{x}^{(0)}(7))\\&=(71.1,72.4,72.2,72.1,71.9,71.7,71.6)\end{aligned}$$

3. 模型检验

该灰色预测模型的各种检验指标值的计算结果见表 8-2。

表 8-2　GM(1,1)模型检验指标值的计算结果

年　份	初 始 值	预 测 值	残　差	相 对 误 差	级 比 误 差
1986	71.1	71.1	0	0	—
1987	72.4	72.4	-0.0057	0.01%	0.0023
1988	72.4	72.2	0.1638	0.23%	0.0203
1989	72.1	72.1	0.0329	0.05%	-0.0018
1990	71.4	71.9	-0.4984	0.7%	-0.0074
1991	72.0	71.7	0.2699	0.37%	0.0107
1992	71.6	71.6	0.0378	0.05%	-0.0032

经过验证，该灰色预测模型的精度较高，可进行预测和预报。相应的北太天元软件计算程序如下：

```
Ex_8_2.m
clc,clear
x0=[71.1  72.4  72.4  72.1  71.4  72.0  71.6];
n=length(x0);
lamda=x0(1:n-1)./x0(2:n)
range=[min(lamda),max(lamda)]
x1=cumsum(x0)
for  i=2:n
z(i)=0.5*(x1(i)+x1(i-1));
end
B=[-z(2:n)', ones(n-1,1)];
Y=x0(2:n)';
u=B\Y
%%%%%%%%%%%求累加预测值
yucex1=x0;
bizhichangshu=u(2)/u(1);  xishu=x0(1)-bizhichangshu;
for i=2:n
yucex1(i)=xishu*exp(-u(1)*(i-1))+bizhichangshu;
end
yucex1
%%%%%%%%%%%%%
yuce=[x0(1),diff(yucex1)]                         %计算预测值
epsilon=x0-yuce                                   %计算残差
delta=abs(epsilon./x0)                            %计算相对误差
rho=1-(1-0.5*u(1))/(1+0.5*u(1))*lamda             %计算级比偏差值
```

8.3　基于北太天元的模糊聚类分析

8.3.1　模糊聚类分析简介

在工程技术问题和经济管理问题中，经常需要对某些指标按照一定的标准（相似程度或亲疏关系等）进行分类处理。例如，根据空气的性质对空气质量进行分级分类，工业上对产品质量的分级分类、工程上对工程规模的分级分类、图像识别问题中对图形的分类、地质学中对土壤的分类、水资源中对水质的分级分类等。这些对客观事物按一定的标准进行分级分类的数学方法称为聚类分析，它是多元统计“物以类聚”的一种分类方法。然而，在科学技术、经济管理问题中有许多事物的类与类之间并无清晰的划分，边界具有模糊性，它们之间更多的是模糊关系。对于这类事物的分类，一般可采用

模糊数学的方法，我们把基于模糊数学方法进行聚类分析的方法称为模糊聚类分析。

下面介绍模糊聚类分析法的实现过程。

1. 数据标准化

进行聚类之前，需要按以下步骤进行数据的标准化。

（1）获取数据。设论域 $\boldsymbol{X}=\{x_1,x_2,\cdots,x_n\}$ 为被分类的对象，每个对象又由 m 个指标表示其性态，即 $x_i=\{x_{i1},x_{i2},\cdots,x_{im}\}$ $i=1,2,\cdots,n$。于是可以得到原始数据矩阵 $\boldsymbol{A}=(x_{ij})_{n\times m}$，其每行代表一个对象的所有性态。

（2）数据的标准化处理。在实际问题中，不同的数据类型可能会有不同的性质、量值和量纲。为了使原始数据能够适合模糊聚类的要求，需要对原始数据矩阵 $\boldsymbol{A}$ 进行标准化处理，即通过适当的数据变换，将其转换为各数据类型效果接近的模糊矩阵。常用的方法有“平移-标准差变换”和“平移-极差变换”两种。

2. 建立模糊相似矩阵

设 $\boldsymbol{X}=\{x_1,x_2,\cdots,x_n\}$，$x_i=\{x_{i1},x_{i2},\cdots,x_{im}\}(i=1,2,\cdots,n)$，即可得到数据矩阵 $\boldsymbol{A}=(x_{ij})_{n\times m}$。如果第 i 个对象 x_i 与第 j 个对象 x_j 的相似程度为 $r_{ij}=R(x_i,x_j)$，则称 r_{ij} 为相似系数。确定相似系数 r_{ij} 的方法有数量积法、夹角余弦法、相关系数法、指数相似系数法、最大最小值法、算术平均值法、几何平均值法、绝对值倒数法、绝对值指数法、海明距离法、欧氏距离法、切比雪夫距离法、主观评分法。

3. 聚类

所谓模糊聚类，就是依据模糊相似矩阵对所研究的对象进行分类。对于不同的置信水平 $\lambda\in[0,1]$，可以得到不同的分类结果，从而形成动态聚类图。常用的方法如下。

（1）传递闭包法。从求出的模糊相似矩阵 $\boldsymbol{R}$ 出发，构造一个模糊等价矩阵 $\boldsymbol{R}'$。其方法就是用平方法求出 $\boldsymbol{R}$ 的传递闭包 $\boldsymbol{t}(\boldsymbol{R})$，则 $\boldsymbol{t}(\boldsymbol{R})=\boldsymbol{R}^*$。然后，由大到小取一组 $\lambda\in[0,1]$，确定相应的 λ 截矩阵，则可将其分类，同时也生成了对应的动态聚类图。

（2）布尔矩阵法。设论域 $\boldsymbol{X}=\{x_1,x_2,\cdots,x_n\}$，$\boldsymbol{R}$ 是 $\boldsymbol{X}$ 上的模糊相似矩阵，对于确定的 λ 水平，求 $\boldsymbol{X}$ 中的元素分类。首先由模糊相似矩阵确定出其 λ 截矩阵 $\boldsymbol{R}_\lambda=(r_{ij}(\lambda))$，即 $\boldsymbol{R}_\lambda$ 为布尔矩阵，然后依据 $\boldsymbol{R}_\lambda$ 中的 1 元素就可以对其进行分类。

如果 $\boldsymbol{R}_\lambda$ 为等价矩阵，则 $\boldsymbol{R}$ 也是等价矩阵，它可用于直接分类。

若 $\boldsymbol{R}_\lambda$ 不是等价矩阵，则需要先按照一定的规则将 $\boldsymbol{R}_\lambda$ 改造成一个等价的布尔矩阵，再对其进行分类。

（3）直接聚类法。此方法直接由模糊相似矩阵求出聚类图，具体步骤如下。

① 取 $\lambda_1=1$（最大值），对于每个 x_i 构造相似类：$[x_i]_R=\{x_j|r_{ij}=1\}$，即将满足 $r_{ij}=1$ 的 x_i 与 x_j 视为一类，构成相似类。相似类和等价类的性质有所不同，不同的相似类之间可能包含共同对象，实际中对于这种情况是可以合并为一类的。

② 取 $\lambda_2(\lambda_2<\lambda_1)$ 为次大值，从 $\boldsymbol{R}$ 中直接找出相似程度为 λ_2 的对象对 (x_i,x_j)，即 $r_{ij}=\lambda_2$，并相应地将对应于 $\lambda_1=1$ 的等价分类中 x_i 与 x_j 所在的类合并为一类，即可得到 λ_2 水平上的等价分类。

③ 依次取 $\lambda_1>\lambda_2>\lambda_3>\cdots$，按上步的方法依次类推，直到 X 合并成为一类为止，这样就可以得到动态聚类图。

8.3.2　模糊聚类分析应用示例

【例 8-3】某地区有 12 个气象观测站，10 年来各站测得的年降水量如表 8-3 所示。为了节省开支，想要适当地减少气象观测站，试问减少哪些观察站可以使所得到的降水量信息仍然足够大？

表 8-3　年降水量（单位：mm）

年份	站 1	站 2	站 3	站 4	站 5	站 6	站 7	站 8	站 9	站 10	站 11	站 12
1981	276.2	324.5	158.6	412.5	292.8	258.4	334.1	303.2	292.9	243.2	159.7	331.2
1982	251.5	287.3	349.5	297.4	227.8	453.6	321.5	451.0	466.2	307.5	421.1	455.1
1983	192.7	433.2	289.9	366.3	466.2	239.1	357.4	219.7	245.7	411.1	357.0	353.2
1984	246.2	232.4	243.7	372.5	460.4	158.9	298.7	314.5	256.6	327.0	296.5	423.0
1985	291.7	311.0	502.4	254.0	245.6	324.8	401.0	266.5	251.3	289.9	255.4	362.1
1986	466.5	158.9	223.5	425.1	251.4	321.0	315.4	317.4	246.2	277.5	304.2	410.7
1987	258.6	327.4	432.1	403.9	256.6	282.9	389.7	413.2	466.5	199.3	282.1	456.3
1988	453.4	365.5	357.6	258.1	278.8	467.2	355.2	228.5	453.6	315.6	331.2	387.6
1989	158.2	271.0	410.2	344.2	250.0	360.7	376.4	179.4	159.2	342.4	407.2	377.7
1990	324.8	406.5	235.7	288.8	192.6	284.9	290.5	343.7	283.4	281.2	243.7	411.1

可以把 12 个气象观测站的观测值看成 12 个向量组。由于本题只给出了 10 年的观测数据，根据线性代数的理论可知，若向量组所含向量的个数大于向量的维数，则该向量组必然线性相关。所以只要求出该向量组的秩，就可以确定该向量组的最大无关组所含向量的个数，也就是需要保留的气象观测站的个数。由于向量组中的其余向量都可由极大线性无关组进行线性表示，因此最大无关组就可以使所得到的降水信息量足够大。

用 $i=1,2,\cdots,10$ 分别表示 1981 年，1982 年，$\cdots$,1990 年。第 j 个观测站第 i 年的观测值用 $a_{ij}(i=1,2,\cdots,10,\ j=1,2,\cdots,12)$ 表示，记 $\boldsymbol{A}=(a_{ij})_{10\times 12}$。

利用北太天元软件可以计算出矩阵 $\boldsymbol{A}$ 的秩 $r(\boldsymbol{A})=10$，且任意 10 个列向量组成的向量组都是极大线性无关组。例如，选取前 10 个气象观测站的观测值作为极大线性无关组，则第 11 个和第 12 个气象观测站的降水量数据完全可以由前 10 个气象观测站的数据表示。设 $x_i(i=1,2,\cdots,10)$ 表示第 i 个气象观测站或第 i 个观测站的观测值，则有

$$\begin{aligned} x_{11}=&0.0124x_1-0.756x_2+0.1639x_3+0.3191x_4-1.3075x_5\\ &-1.0442x_6-0.1649x_7-0.8396x_8+1.679x_9+2.9379x_{10}\\ x_{12}=&1.4549x_1+10.6301x_2+9.8035x_3+6.3458x_4+18.9423x_5\\ &+19.8061x_6-27.0196x_7+5.868x_8-15.5581x_9-26.9397x_{10} \end{aligned}$$

到目前为止，问题似乎已经完全解决了。其实不然，因为如果上述观测站的数据不是 10 年的降雨量，而是超过 12 年的降雨量，则此时向量的维数大于向量组所含的向量个数，这样的向量组未必线性相关，所以上述解法不具有一般性。下面我们来考虑更一般的解法。首先，利用已有的 12 个气象观测站的数据进行模糊聚类分析。然后，确定从哪几类中去掉几个观测站。

1. 建立模糊集合

设A_j（这里仍用普通集合表示）表示第j个观测站的降水量信息($j=1,2,\cdots,12$)，利用模糊数学建立隶属函数：

$$a_j=\frac{\sum_{i=1}^{10}a_{ij}}{10}$$

则$b_j=\sqrt{\frac{1}{9}\sum_{i=1}^{10}(a_{ij}-a_j)^2}$。

利用北太天元程序可以求得a_j、$b_j(j=1,2,\cdots,12)$的值，见表8-4和表8-5。

表8-4　$a_1\sim a_{12}$的值

a_1	a_2	a_3	a_4	a_5	a_6	a_7	a_8	a_9	a_{10}	a_{11}	a_{12}
291.98	311.77	320.32	342.28	292.22	315.15	343.99	303.71	312.16	299.47	310.72	391.89

表8-5　$b_1\sim b_{12}$的值

b_1	b_2	b_3	b_4	b_5	b_6	b_7	b_8	b_9	b_{10}	b_{11}	b_{12}
100.25	80.93	108.24	63.97	94.1	94.2	38.05	85.07	109.4	57.25	86.52	36.83

2. 利用格贴近度建立模糊相似矩阵

令$r_{ij}=\mathrm{e}^{-\left(\frac{a_j-a_i}{b_i-b_j}\right)^2}(i,j=1,2,\cdots,12)$，求模糊相似矩阵$\boldsymbol{R}=(r_{ij})_{12\times12}$，具体求解结果可见程序运行结果。

3. 求$\boldsymbol{R}$的传递闭包

求得的$\boldsymbol{R}^4$是传递闭包，也就是所求的等价矩阵。传递闭包的结果可见程序运行结果。

取$\lambda=0.998$并进行聚类，这时可以把观测站分为以下4类。

$$\{x_1,x_5\}\cup\{x_2,x_3,x_6,x_8,x_9,x_{10},x_{11}\}\cup\{x_4,x_7\}\cup\{x_{12}\}$$

则上述分类会具有明显的实际意义，其中，x_1，x_5属于该地区10年中平均降水量偏低的观测站，x_4，x_7属于该地区10年中平均降水量偏高的观测站，x_{12}是平均降水量最大的观测站，而其余观测站则属于中间水平。

4. 选择保留观测站的准则

很明显地，去掉的观测站越少，保留的信息量越大。为此，在去掉的观测站数目确定的条件下，我们考虑使得信息量最大的准则。由于该地区的观测站分为4类，且第4类中只含有一个观测站，因此可从前3类中各去掉一个观测站，准则如下。

$$\min\quad \mathrm{SSE}=\sum_{i=1}^{10}(\bar{d}_{i3}-\bar{d}_i)^2$$

其中，SSE表示误差平方之和，$\bar{d}_i$表示该地区第i年的平均降水量，$\bar{d}_{i3}$表示该地区去掉3个观测站以后第i年的平均降水量。

利用北太天元软件，计算了28组不同的方案（见表8-6），求得为了满足上述准则应去掉的观测站为x_5、x_6、x_7。

表 8-6　前 3 类中各取消一个观测站后各方案的误差平方和

取消的站点编号			SSE	取消的站点编号			SSE
1	4	2	1. 71e+03	5	4	2	3. 36e+03
1	4	3	1. 30e+03	5	4	3	2. 27e+03
1	4	6	2. 03e+03	5	4	6	1. 14e+03
1	4	8	2. 94e+03	5	4	8	3. 26e+03
1	4	9	2. 29e+03	5	4	9	2. 04e+03
1	4	10	1. 94e+03	5	4	10	4. 08e+03
1	4	11	1. 49e+03	5	4	11	2. 39e+03
1	7	2	1. 29e+03	5	7	2	2. 51e+03
1	7	3	1. 82e+03	5	7	3	2. 36e+03
1	7	6	1. 95e+03	5	7	6	6. 26e+02
1	7	8	1. 53e+03	5	7	8	1. 42e+03
1	7	9	1. 65e+02	5	7	9	9. 72e+02
1	7	10	1. 11e+03	5	7	10	2. 81e+03
1	7	11	1. 05e+03	5	7	11	1. 51e+03

5. 编写用于求解的北太天元程序

(1) 求模糊相似矩阵的北太天元程序如下：

Ex_8_3_1. m

```
a=[276.2  324.5  158.6  412.5  292.8  258.4  334.1  303.2  292.9  243.2
159.7  331.2
251.5  287.3  349.5  297.4  227.8  453.6  321.5  451.0  466.2  307.5
421.1  455.1
192.7  433.2  289.9  366.3  466.2  239.1  357.4  219.7  245.7  411.1
357.0  353.2
246.2  232.4  243.7  372.5  460.4  158.9  298.7  314.5  256.6  327.0
296.5  423.0
291.7  311.0  502.4  254.0  245.6  324.8  401.0  266.5  251.3  289.9
255.4  362.1
466.5  158.9  223.5  425.1  251.4  321.0  315.4  317.4  246.2  277.5
304.2  410.7
258.6  327.4  432.1  403.9  256.6  282.9  389.7  413.2  466.5  199.3
282.1  387.6
453.4  365.5  357.6  258.1  278.8  467.2  355.2  228.5  453.6  315.6
456.3  407.2
158.2  271.0  410.2  344.2  250.0  360.7  376.4  179.4  159.2  342.4
331.2  377.7
324.8  406.5  235.7  288.8  192.6  284.9  290.5  343.7  283.4  281.2
```

```
243.7   411.1];
mu=mean (a);
sigma=std(a);
for   i=1:12
   for   j=1:12
      r(i,j)=exp(-(mu(j)-mu(i))^2/(sigma(i)+sigma(i))^2);
   end
end
save   data1   r   a
```

(2) 合成矩阵的北太天元函数如下：

hecheng.m

```
function     rhat=hecheng(r)
n=length(r);    rhat=zeros(n);
for   i=1:n
   for   j=1:n
      rhat(1,j)=max(min([r(i,:);r(:,j)']));
   end
end
```

(3) 求模糊等价矩阵和聚类的北太天元程序如下：

Ex_8_3_2.m

```
load('data1.mat');
r1=hecheng(r);   r2=hecheng(r1);   r3=hecheng(r2);
bh=zeros(12);   bh(r2>0.998)=1;
```

(4) 通过编程计算表 8-6 中的数据。

计算误差平方和的函数如下：

wucha.m

```
function   err=wucha(a,t)
b=a;   b(:,t)=[];
mu1=mean(a,2);   mu2=mean(b,2);
err=sum((mu1-mu2).^2);
```

计算 28 个方案的主程序如下：

Ex_8_3_3.m

```
load('data1.mat')
ind1=[1,5]; ind2=[2:3,6,8:11]; ind3=[4,7]; so=[];
for i=1:length(ind1)
for j=1:length(ind3)
for k=1:length(ind2)
t=[ind1(i),ind3(j),ind2(k)];
err=wucha(a,t); so=[so;[t,err]];
```

```
end
end
end
tm=find(so(:,4)==min(so(:,4)));
shanchu=so(tm,1:3);
```

8.4　基于北太天元的层次分析法的应用

层次分析法（Analytic Hierarchy Process，AHP）是对一些较为复杂、模糊的问题做出决策的简易方法，特别适用于那些难以完全定量分析的问题。它是由美国运筹学家 T. L. Saaty 教授在 20 世纪 70 年代初期提出的一种简便、灵活、实用的多准则决策方法。

8.4.1　层次分析法简介

在进行社会、经济以及科学管理等领域的问题的系统分析时，人们面临的经常是一个由相互关联、相互制约的众多因素构成的复杂而缺少定量数据的系统。层次分析法为这类问题的决策和排序提供了一种新的简洁实用的数学建模解决方法。

层次分析法的基本原理是基于排序的原理，即最终对各方法（或措施）排出优劣次序，作为最终决策的依据。要运用层次分析法进行建模，大体上可以按照以下 4 个步骤来进行。

（1）建立递阶层次结构模型。

（2）构造出各层次中的所有判断矩阵。

（3）进行层次单排序及一致性检验。

（4）进行层次总排序及一致性检验。

下面介绍这 4 个步骤的实现过程。

1. 建立递阶层次结构

当应用 AHP 分析决策问题时，首先要把问题条理化、层次化，构造出一个有层次的结构模型。在这个模型下，复杂问题被分解为元素的组成部分，这些元素又按其属性及关系形成若干个层次，上一层次的元素作为准则对下一层次的有关元素起支配作用。这些层次可以分为以下 3 类。

最高层：这一层次中只有一个元素，一般用于分析问题的预定目标或理想结果，因此也称为目标层。

中间层：这一层次中包含了为实现目标所涉及的所有中间环节，它可以由若干个层次组成，包括所需考虑的准则、子准则，因此也称为准则层。

最底层：这一层次包括为实现目标可供选择的各种措施、决策方案等，因此也称为措施层或方案层。

递阶层次结构中的层次数与问题的复杂程度及需要分析的详尽程度有关，一般来说，层次数不受限制。每一层次中各元素所支配的元素一般不超过 9 个，这是因为支配的元素过多会给两两比较判断造成一定困难。

2. 构造判断矩阵

层次结构反映了因素之间的关系，但准则层中的各准则在目标衡量中所占的比重（权重）并不一定相同，在决策者的心目中，它们各自占有一定的比例权重。

在确定影响某因素的诸因子在该因素中所占的权重时，遇到的主要困难是这些权重常常不易定量化。此外，如果影响某因素的因子较多，当直接考虑各因子对该因素有多大程度的影响时，常常会因考虑不周全、顾此失彼，从而使决策者提出的数据与他实际认为的重要性程度并不一致，甚至有可能提出一组隐含矛盾的数据。为了看清这一点，可进行如下假设：将一块重为1kg的石块砸成 n 小块，可以精确地称出它们的重量，设它们分别为 $w_1,w_2,\cdots,w_n$。现在，请人估计这 n 小块的重量占总重量的比例（不能获知各小石块的重量），此人不仅很难给出精确的比值，而且完全可能提供彼此矛盾的数据。

假设现在要比较 n 个因子 $\boldsymbol{X}=\{x_1,x_2,\cdots,x_n\}$ 对某因素 Z 的影响程度，怎样比较才能提供较为可信的数据呢？Saaty 等建议可以采取对因子进行两两比较，并建立成对比较矩阵的方法。即每次取两个因子 x_i 和 x_j，以 a_{ij} 表示 x_i 和 x_j 对 Z 的影响程度之比，其全部比较结果则可以用矩阵 $\boldsymbol{A}=(a_{ij})_{n\times n}$ 表示，称矩阵 $\boldsymbol{A}$ 为 Z、$\boldsymbol{X}$ 之间的成对比较判断矩阵（简称为判断矩阵）。不难看出，若 x_i 与 x_j 对 Z 的影响之比为 a_{ij}，则 x_j 与 x_i 对 Z 的影响程度之比应为 $a_{ji}=\dfrac{1}{a_{ij}}$。

关于如何确定 a_{ij} 的值，Saaty 等建议引用数字 1~9 及其倒数作为标度，其对应的含义见表 8-7。

表 8-7　1~9 标度的含义

标　度	含　义
1	表示两个因素相比，具有相同重要性
3	表示两个因素相比，前者比后者稍重要
5	表示两个因素相比，前者比后者明显重要
7	表示两个因素相比，前者比后者强烈重要
9	表示两个因素相比，前者比后者极端重要
2,4,6,8	表示上述相邻判断的中间值
倒数	若因素 i 与因素 j 的重要性之比为 a_{ij}，那么因素 j 与因素 i 重要性之比为 $a_{ji}=\dfrac{1}{a_{ij}}$

从心理学的观点来看，分级太多会超越人们的判断能力，既增加了判断的难度，又容易因此提供一些无效的虚假数据。Saaty 等用实验的方法比较了在各种不同标度下人们判断结果的正确性。其实验结果表明，采用 1~9 的标度是最合适的。

最后还需指出，一般情况下进行 $\dfrac{n(n-1)}{2}$ 次两两判断是必要的。有人认为把所有的元素都和某个元素比较，即只进行 $n-1$ 个比较就可以了，这实际上是不合理的。这种做法的弊病在于：任何一个判断的失误均可导致 $n(n-1)$ 个不合理的排序，而个别判断的失误对于难以定量的系统往往是无法避免的。进行$\frac{n(n-1)}{2}$次比较可以提供更多的信息，通过各种不同角度的反复比较，从而得出一个较为合理的排序。

3. 进行层次单排序及一致性检验

判断矩阵 $\boldsymbol{A}$ 对应于最大特征值 $\lambda_{\max}$ 的特征向量 $\boldsymbol{W}$，经归一化后即为同一层次相应因素对于上一层次某因素相对重要性的排序权值，这一过程称为层次单排序。

上述产生成对比较判断矩阵的办法虽然能减少其他因素的干扰，较为客观地反映出一对因子影响力的差别，但综合起来看全部比较结果时，其中难免包含一定程度的不一致。如果比较结果是前后完全一致的，则矩阵 $\boldsymbol{A}$ 的元素还应当满足：

$$a_{ij}a_{jk}=a_{ik},\qquad \forall\, i,j,k=1,2,\cdots,n$$

我们可以由 $\lambda_{\max}$ 是否等于 n 来检验判断矩阵 $\boldsymbol{A}$ 是否为一致矩阵。由于特征根连续地依赖于 a_{ij}，因此 $\lambda_{\max}$ 比 n 大得越多，$\boldsymbol{A}$ 的非一致性程度也就越严重，$\lambda_{\max}$ 对应的标准化特征向量也就越不能真实地反映出 $\boldsymbol{X}=\{x_1,x_2,\cdots,x_n\}$ 在对因素 Z 的影响中所占的比重。因此，对决策者提供的判断矩阵有必要进行一次一致性检验，以决定是否能接受它。

对成对判断矩阵的一致性检验的步骤如下：

（1）计算一致性指标 CI。

$$\mathrm{CI}=\frac{\lambda_{\max}-n}{n-1}$$

（2）查找相应的平均随机一致性指标 RI。

对 $n=1,2,\cdots,9$，Saaty 给出了 RI 的值，见表 8-8。

表 8-8　RI 的值

n	1	2	3	4	5	6	7	8	9
RI	0	0	0. 58	0. 90	1. 12	1. 24	1. 32	1. 41	1. 45

平均随机一致性指标 RI 的值是这样得到的，用随机方法构造 500 个样本矩阵，随机地从 1~9 及其倒数中抽取数字构造正互反矩阵，求得最大特征根的平均值 $\lambda'_{\max}$，并定义

$$\mathrm{RI}=\frac{\lambda'_{\max}-n}{n-1}$$

（3）计算一致性比例 CR。

$$\mathrm{CR}=\frac{\mathrm{CI}}{\mathrm{RI}}$$

当 CR<0. 10 时，可认为成对判断矩阵的一致性是可以接受的；否则，必须对判断矩阵进行重新修正。

4. 进行层次总排序及一致性检验

上面得到的是一组元素对其上一层中某元素的权重向量。我们最终要得到各元素（特别是最底层中各方案）对于目标的排序权重，从而进行方案选择。总排序权重要自上而下地对单准则下的权重进行合成。

设上一层次（A 层）包含 m 个因素 $A_1,A_2,\cdots,A_m$。它们对应的层次总排序权重分别

为 $a_1,a_2,\cdots,a_m$。又设其后的下一层次（B 层）包含 7 个因素 $B_1,B_2,\cdots,B_m$，它们关于 A_j 的层次单排序权重分别对应为 $b_{1j},b_{2j},\cdots,b_{nj}$（当 B_i 与 A_j 无关联时，$b_{ij}=0$）。现需要求出 B 层中各因素对于总目标的权重，即求 B 层各因素的层次总排序权重 $b_1,b_2,\cdots,b_n$。可以按表 8-9 所示的公式进行计算，即 $b_j=\sum_{j=1}^{m}b_{ij}a_j$，$i=1,2,\cdots,n$。

表 8-9 B 层中各因素对于总目标的权重

A 层 / B 层	A_1 a_1	A_2 a_2	…	A_m a_m	B 层总排序权重
B_1	b_{11}	b_{12}	…	b_{1n}	$\sum_{j=1}^{m}b_{1j}a_j$
B_2	b_{21}	b_{22}	…	b_{2n}	$\sum_{j=1}^{m}b_{2j}a_j$
…	…	…	…	…	…
B_n	b_{n1}	b_{n2}	…	b_{nn}	$\sum_{j=1}^{m}b_{nj}a_j$

对于层次总排序也需要进行一次一致性检验，检验仍然像层次总排序那样也是由高层到低层逐层进行。这主要是由于虽然各层次均已经过层次单排序的一致性检验，各层对比较判断矩阵也都已经具备比较满意的一致性，但是综合考查时，各层次的非一致性仍然会积累起来，这可能引起最终分析结果中出现较为严重的非一致性。

假设 B 层中与 A_j 相关因素的成对比较判断矩阵在单排序中经过了一致性检验，求得的单排序一致性指标为 $\mathrm{CI}(j)$（$j=1,2,\cdots,m$），对应的平均随机一致性指标为 $\mathrm{RI}(j)$、（$\mathrm{CI}(j)$、$\mathrm{RI}(j)$）均已在层次单排序时求得），则 B 层总排序随机一致性比例计算公式为

$$\mathrm{CR}=\frac{\sum_{j=1}^{m}\mathrm{CI}(j)a_j}{\sum_{j=1}^{m}\mathrm{RI}(j)a_j}$$

当 CR<0.10 时，通常认为层次总排序的结果已经具有较满意的一致性，可以接受该分析结果。

8.4.2 层次分析法的应用

在应用层次分析法研究问题时，主要会遇到两个方面的困难：一方面是如何抽象出与实际情况比较契合的层次结构；另一方面是如何将某些定性的结果进行尽量接近实际地定量化处理。虽然层次分析法对人们的思维过程进行了分析整理，提出了一套系统分析问题的方法，为科学管理和决策提供了具有较高说服力的依据，但是层次分析法也有一些局限性，主要表现在以下两方面。

(1) 它在很大程度上依赖于人们的经验，主观因素的影响较大。它最多只能排除人们思维过程中的严重非一致性，无法排除决策者个人可能由于个人习惯、偏好等引起的严重片面性。

(2) 它的比较、判断过程较为粗糙，不能进行较为精确的决策。AHP 最多只能算是一种半定量的决策方法。

经过几十年的发展，已经有许多学者针对 AHP 的缺点进行了各种改进和完善，形成了一些新的理论和方法，像群组决策、模糊决策和反馈系统理论等，近几年已成为该领域的新热点。

在应用层次分析法时，建立合理的层次结构模型是十分关键的一步。下面通过分析一个示例，说明如何从实际问题中抽象出相应的层次结构。

【例 8-4】 挑选合适的工作。经双方恳谈，已有 3 个单位表示愿意录用某毕业生。该毕业生根据已有信息建立了一个层次结构模型，如图 8-3 所示。

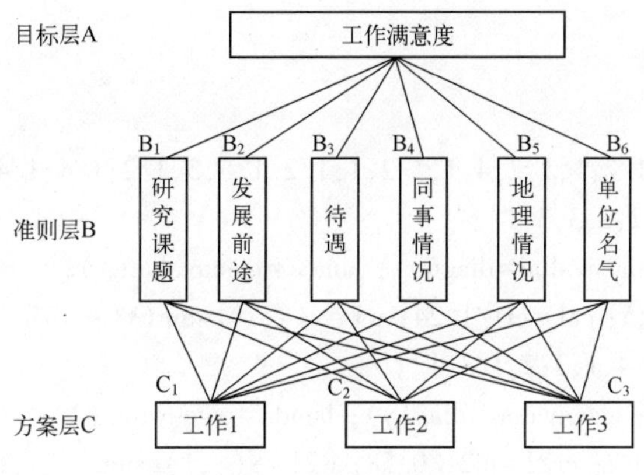

图 8-3　层次结构模型

其准则层 B 如下所示：

A	B_1	B_2	B_3	B_4	B_5	B_6
B_1	1	1	1	4	1	1/2
B_2	1	1	1	4	1	1/2
B_3	1	1/2	1	5	3	1/2
B_4	1/4	1/4	1/5	1	1/3	1/3
B_5	1	1	1/3	3	1	1
B_6	2	2	2	1/3	3	1

其方案层 C 如下所示：

B_1	C_1	C_2	C_3	B_2	C_1	C_2	C_3	B_3	C_1	C_2	C_3
C_1	1	1/4	1/2	C_1	1	1/4	1/5	C_1	1	3	1/3
C_2	4	1	3	C_2	4	1	1/2	C_2	1/3	1	7
C_3	2	1/3	1	C_3	5	2	1	C_3	3	1/7	1
B_4	C_1	C_2	C_3	B_5	C_1	C_2	C_3	B_6	C_1	C_2	C_3
C_1	1	1/3	5	C_1	1	1	7	C_1	1	7	9
C_2	3	1	7	C_2	1	1	7	C_2	1/7	1	3
C_3	1/5	1/7	1	C_3	7	1/7	1	C_3	1/9	1	1

最终得到的层次总排序见表 8-10。

表 8-10　准则层 B 中各因素对于总目标的权重

准　则		研究课题	发展前途	待　遇	同事情况	地理位置	单位名气	总排序权值
准则层权值		0.1507	0.1792	0.1886	0.0472	0.1464	0.2879	
方案层单排序权值	工作 1	0.1365	0.0974	0.2426	0.2790	0.4667	0.7986	0.3952
	工作 2	0.6250	0.3331	0.0879	0.6491	0.4667	0.1049	0.2996
	工作 3	0.2385	0.5695	0.6694	0.0719	0.0667	0.0965	0.3052

根据最终的额层次总排序权值，该生最满意的工作为工作 1。具体的计算程序如下：

```
Ex_8_4.m
clc
a=[1,1,1,4,1,1/2;1,1,2,4,1,1/2;1,1/2,1,5,3,1/2;1/4,1/4,1/5,1,1/3,1/3;1,
1,1/3,3,1,1;2,2,2,3,3,1];
[x,y]=eig(a);eigenvalue=diag(y); lamda=eigenvalue(1);
ci1=(lamda-6)/5; cr1=ci1/1.24; w1=x(:,1)/sum(x(:,1));
b1=[1,1/4,1/2;4,1,3;2,1/3,1];
[x,y]=eig(b1); eigenvalue=diag(y); lamda=eigenvalue(1);
ci21=(lamda-3)/2; cr21=ci21/0.58; w21=x(:,1)/sum(x(:,1));
b2=[1,1/4,1/5;4,1,1/2;5,2,1];
[x,y]=eig(b2); eigenvalue=diag(y); lamda=eigenvalue(1);
ci22=(lamda-3)/2; cr22=ci22/0.58; w22=x(:,1)/sum(x(:,1));
b3=[1,3,1/3;1/3,1,1/7;3,7,1];
[x,y]=eig(b3); eigenvalue=diag(y); lamda=eigenvalue(1);
ci23=(lamda-3)/2; cr23=ci23/0.58; w23=x(:,1)/sum(x(:,1));
b4=[1,1/3,5;3,1,7;1/5,1/7,1];
[x,y]=eig(b4); eigenvalue=diag(y); lamda=eigenvalue(1);
ci24=(lamda-3)/2; cr24=ci24/0.58; w24=x(:,1)/sum(x(:,1));
b5=[1,1,7;1,1,7;1/7,1/7,1];
[x,y]=eig(b5);eigenvalue=diag(y); lamda=eigenvalue(2);
ci25=(lamda-3)/2; cr25=ci25/0.58; w25=x(:,2)/sum(x(:,2));
b6=[1,7,9;1/7,1,1 ;1/9,1,1];
[x,y]=eig(b6); eigenvalue=diag(y); lamda=eigenvalue(1);
ci26=(lamda-3)/2; cr26=ci26/0.58; w26=x(:,1)/sum(x(:,1));
W_sum=[w21,w22,w23,w24,w25,w26]*w1
ci=[ci21,ci22,ci23,ci24,ci25,ci26]
cr=ci*w1/sum(0.58*w1)
```

8.5 习　　题

1. 一个大型超市每日都从农村采购新鲜农产品出售，正常情况下每千克可获利 1 元。如果采购数量过多，次日只能减价出售，每千克将亏损 0.4 元，现在该市采用以下采购策略：以前一天的市场需求量作为当天的采购量。据统计分析，每天平均需求量为 100kg，标准差为 30kg。在这种情况下，该超市经营一个月能获多少利润？

2. 下表给出长江在过去 8 年中废水排放总量的数据，据此对今后 5 年的长江水质污染的发展趋势做出预测。

年　份	1997	1998	1999	2000	2001	2002	2003	2004
排污总量	183	189	207	234	220	256	270	285

3. 下表是 2006 年全国各省市的城镇居民家庭平均每人全年消费支出分布情况，请根据数据对中国居民的消费结构进行分析，并考虑其合理性。

2006 年各地区城镇居民家庭平均每人全年消费性支出　（单位：元）

地区	食品	衣着	家庭设备用品及服务	医疗保健	交通和通信	教育文化娱乐服务	居住	杂项商品和服务
北京	4560.52	1442.42	977.47	1322.36	2173.26	2514.76	1212.89	621.74
天津	3680.22	864.89	634.39	1049.33	1092.87	1452.17	1368.20	405.99
河北	2492.26	849.58	460.27	737.43	875.43	827.72	864.92	235.88
山西	2252.50	1016.69	441.82	589.97	825.18	1007.92	830.38	206.48
内蒙古	2323.55	1168.93	464.55	555.00	928.48	1052.65	802.26	371.19
辽宁	3102.13	846.91	362.10	767.13	797.64	853.92	909.42	348.23
吉林	2457.21	907.61	318.65	671.44	815.02	890.22	984.95	307.56
黑龙江	2215.68	971.44	319.37	634.30	665.01	843.94	755.32	250.37
上海	5248.95	1026.87	877.59	762.92	2332.83	2431.74	1435.72	645.13
江苏	3462.66	886.82	647.52	600.69	1203.45	1467.36	997.53	362.56
浙江	4393.40	1383.63	615.45	852.27	2492.01	1946.15	1229.25	436.37
安徽	3091.28	869.55	336.99	441.42	788.25	869.23	694.17	203.83
福建	3854.26	784.71	525.65	513.61	1232.70	1321.33	1233.49	341.96
江西	2636.93	725.72	451.32	357.03	600.16	894.58	742.93	236.87
山东	2711.65	1091.22	526.29	624.06	1175.57	1201.97	838.17	299.48
河南	2215.32	919.31	431.02	520.57	762.08	847.12	737.00	252.76
湖北	2868.39	877.01	401.22	517.19	763.14	997.74	752.56	220.08
湖南	2850.94	868.23	513.63	632.52	965.09	1182.18	871.70	285.00
广东	4503.86	719.26	633.03	707.86	2394.66	1813.86	1254.69	405.00
广西	2857.40	477.67	360.62	401.06	785.01	850.90	826.86	232.43

续表

地区	食品	衣着	家庭设备用品及服务	医疗保健	交通和通信	教育文化娱乐服务	居住	杂项商品和服务
海南	3097.71	375.42	405.81	369.33	1154.87	791.24	743.60	188.80
重庆	3415.92	1038.98	615.74	705.72	976.02	1449.49	954.56	242.26
四川	2838.22	754.93	505.83	449.87	1009.35	976.33	728.43	261.85
贵州	2649.02	832.74	446.53	329.77	775.07	938.37	627.23	249.66
云南	3102.46	745.08	335.14	600.08	1076.93	754.69	585.35	180.07
西藏	3107.90	734.83	211.10	221.70	694.21	359.34	612.67	250.82
陕西	2588.91	768.47	478.58	612.30	824.46	1280.14	746.59	253.84
甘肃	2408.37	854.00	403.80	562.74	703.07	1034.42	716.35	291.46
青海	2366.42	724.96	420.31	542.93	753.07	793.72	653.04	275.66
宁夏	2444.98	874.39	480.70	578.75	774.57	846.72	890.97	314.49
新疆	2386.97	953.03	364.11	472.35	765.72	819.72	698.66	269.45

4. 某物流企业需要采购一台设备，在采购设备时需要从功能、价格与可维护性三个角度进行评价，考虑应用层次分析法对 3 个不同品牌的设备进行综合分析评价和排序，从中选出能实现物流规划总目标的最优设备，请给出其层次结构图。

第 9 章　数据可视化

本章介绍北太天元中的各种绘图方法，以及如何编辑图形、标记图形等。

9.1　绘图的基本知识

9.1.1　离散数据和离散函数的可视化

任何二元实数标量对(x,y)均可以用平面上的一个点表示。对于离散实函数$y_n=f(x_n)$，x_n为一组离散数据，根据函数关系可以求得同样数目的y_n。当把$y_n=f(x_n)$所对应的向量用直角坐标中的点序列图示时，就实现了离散函数的可视化。需要注意的是：图形上的离散系列只能反映有限区间内的函数关系，而不能反映无限区间上的函数关系。

【例 9-1】 用图形表示离散函数$y=|(n-8)|^{-2}$。

Ex_9_1.m：

```
n=0:16;
y=1./(abs(n-8)).^2;                %准备离散点数据
plot(n,y,'r*')                     %画图
```

以上代码运行的结果如图 9-1 所示。

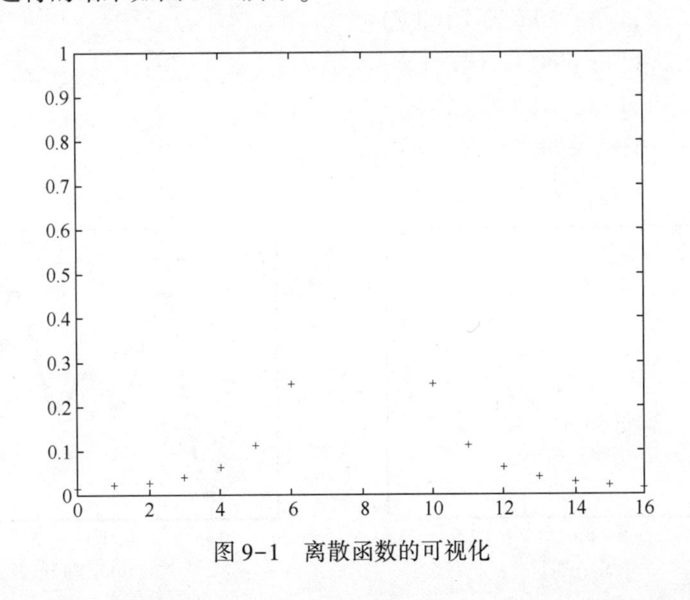

图 9-1　离散函数的可视化

9.1.2 连续函数的可视化

与离散函数的可视化一致，连续函数可视化也必须先在一组自变量上计算相应的函数值，再把这一组“数据对”用点表示。为了用这些离散的点表现函数的连续性，在北太天元中有两种常用的处理方法：

（1）对离散区间进行更细的划分，逐步逼近连续函数的变化特征。

（2）把两点用直线连接，近似表现两点的函数形状。

需要注意的是，如果自变量的采样点数不够多，则无论使用哪种方法都不能真实地反映原函数。

【例 9-2】 用图形表示连续调制波形 $y=\cos t\sin 8t$。

Ex_9_2. m

```
clc
clear
t1=(0:11)/11*pi;                    %自变量
y1=cos(t1).*sin(8*t1);              %对应的函数值
t2=(0:200)/200*pi;
y2=cos(t2).*sin(8*t2);
subplot([2,2,1]); plot(t1,y1,'k.');
axis([0,pi,-1,1]);title('子图(1)');
subplot([2,2,2]); plot(t2,y2,'k.');
axis([0,pi,-1,1]); title('子图(2)');
subplot([2,2,3]); plot(t1,y1,t2,y2,'k.');
axis([0,pi,-1,1]); title('子图(3)');
subplot([2,2,4]); plot(t2,y2,);
axis([0,pi,-1,1]); title('子图(4)');
```

以上代码运行的结果如图 9-2 所示。

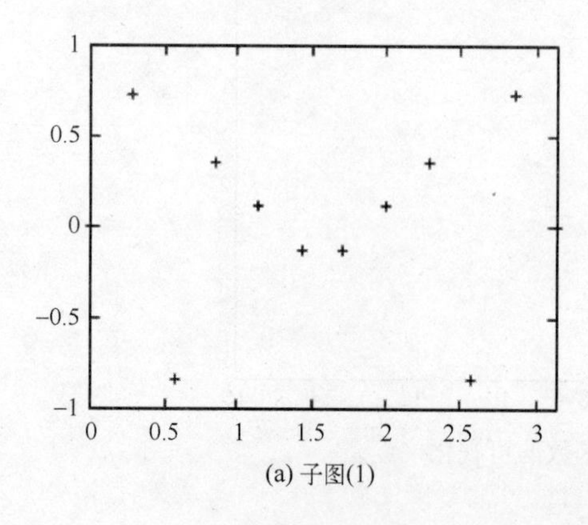

(a) 子图(1)

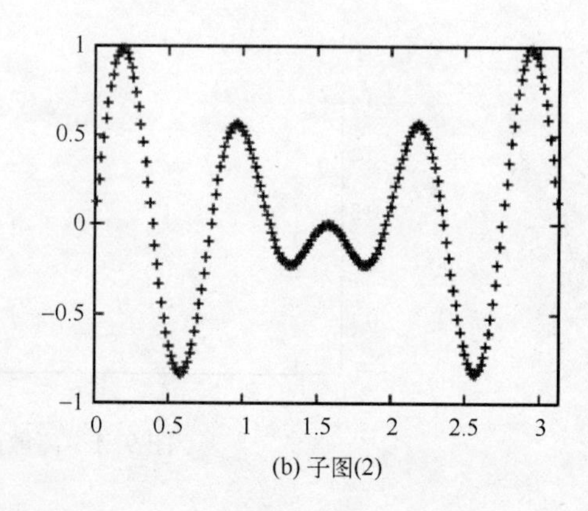

(b) 子图(2)

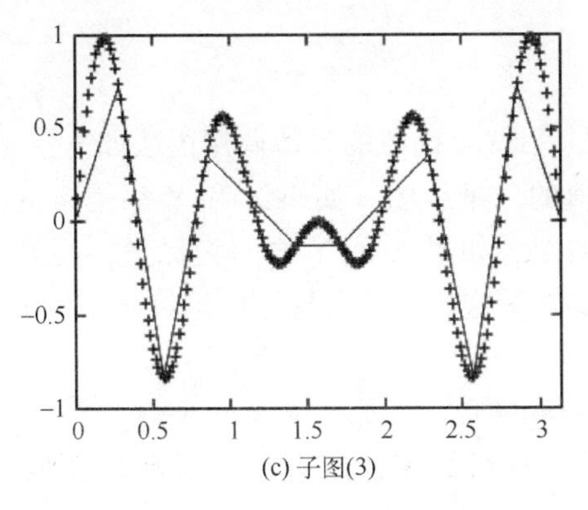

(c) 子图(3)

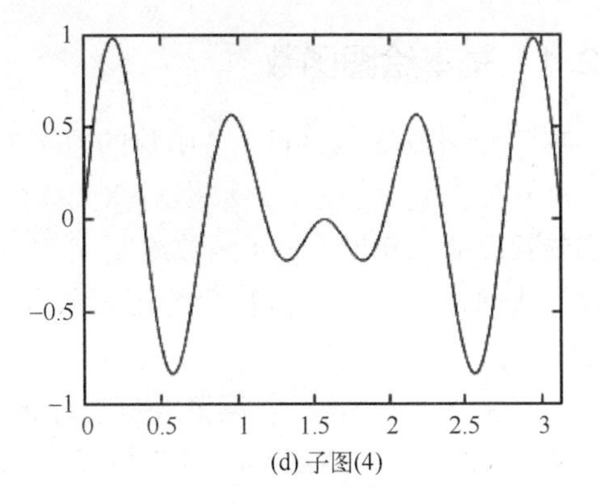

(d) 子图(4)

图 9-2　连续函数的可视化

9.1.3　可视化的一般步骤

本节介绍可视化的一般步骤，目的是让读者对图形的绘制过程有一个宏观的了解，如表 9-1 所示。

表 9-1　绘制图形的一般步骤

步　骤	典型命令
1. 数据准备 选定所要绘图的范围 生成自变量的采样向量 计算相应的函数值向量	t=(0:11)/11 * pi; y=sin(t1). * sin(9 * t1);
2. 选定图形窗口及子图位置 默认打开 Figure 1 或当前窗口。 可以用命令指定图形窗口或子图位置	figure(1) subplot([2,2,3])
3. 调用绘图命令（可以包括线型、色彩、数据点型）	plot(t,y,'b-')　%用蓝色实线绘图
4. 设置轴的范围与刻度	axis([0,pi,-1,1])　%设置轴的范围
5. 图形注释 图名、坐标名、图例、文字说明等	title('figure')　%图名 xlabel('t');ylabel('y')　%轴名 legend('sin(t)','sin(t). * sin(9 * t)')　%图例 text(2,0.5,'y=sin(t). * sin(9 * t)')　%文字说明
6. 图形的导出与打印	%采用图形窗口菜单操作

步骤 1 和 3 是最基本的绘图步骤，其他步骤都是可选的。二维绘图和三维绘图的基本步骤类似，只是三维绘图多了一些属性控制操作方面的选择。

9.2　二维图形

北太天元提供了众多二维图形绘图函数，它们可用来绘制线型（line）、条形（bar）、区域型（area）、散点型（scatter）等图形。本节介绍常用的二维绘图函数的使用，其他绘图函数请读者查阅帮助文档。

9.2.1 基本绘图函数

本节介绍最基本的plot()函数的使用方法。plot()函数的具体调用语法如下。

plot(X,Y)：创建Y中数据对X中对应值的二维线图。如果X和Y都是向量，则它们的长度必须相同。plot函数绘制Y对X的图。如果X或Y之一为标量，而另一个为标量或向量，则plot函数会绘制离散点。要查看这些点，需指定标记符号，例如plot(X,Y,'o')。

plot(X,Y,LineSpec)：设置线型、标记符号和颜色，例如plot(x,y,'r-*')。

plot(X1,Y1,…,Xn,Yn)：绘制多个X、Y对组的图，所有线条都使用相同的坐标区。

plot(X1,Y1,LineSpec1,…,Xn,Yn,LineSpecn)：设置每个线条的线型、标记符号和颜色。可以混X、Y、LineSpec三元组和X、Y对组：例如，plot(X1,Y1,X2,Y2,LineSpec2,X3,Y3)。

plot(Y)：创建Y中数据对每个值索引的二维线图。如果Y是向量，则X轴的刻度范围是从1至length(Y)。如果Y是复数，则plot()函数绘制Y的虚部对Y的实部的图，使得plot(Y)等效于plot(real(Y),imag(Y))。

plot(Y,LineSpec)：设置线型、标记符号和颜色。

【例9-3】 plot()函数绘图的简单示例。

Ex_9_3.m

```
t=(0:pi/20:2*pi)';
Y=sin(t)*2;
plot(t,Y)
```

绘制的结果如图9-3所示。

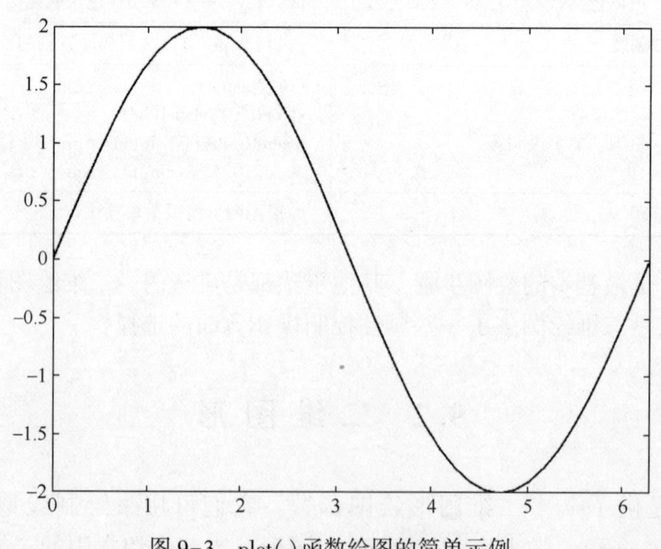

图9-3 plot()函数绘图的简单示例

本例中将数据以向量的形式作为plot()函数的输入变量，读者可尝试plot(t)，plot(Y)，plot(Y,t)，然后观察生成图的区别。

【例 9-4】在原有图形上添加新的曲线。

Ex_9_4. m

```
t=(0:pi/20:2*pi)';
Y=sin(t)*2;
plot(t,Y)                    %绘制二维曲线
hold on                      %打开继续绘图状态
plot(t,Y+0.3)                %绘制新的曲线
hold off
```

绘制结果如图 9-4 所示。

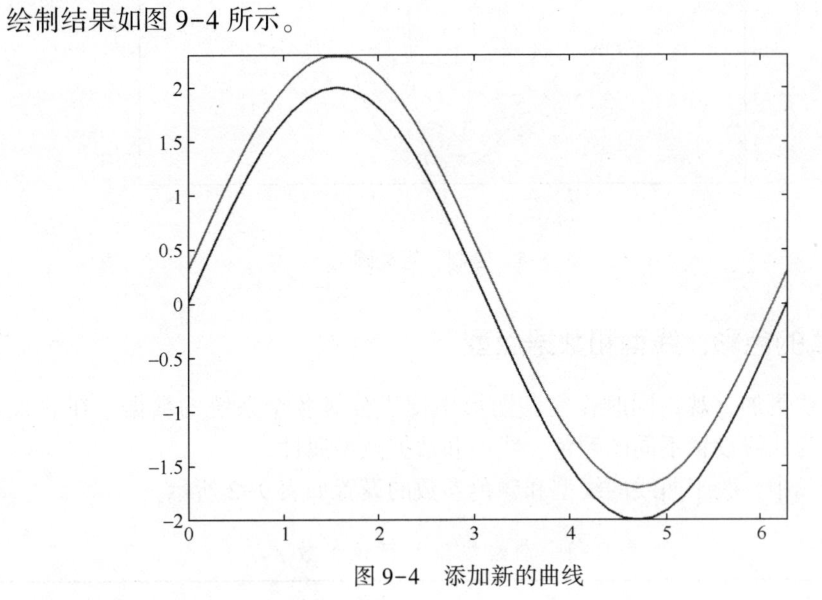

图 9-4　添加新的曲线

【例 9-5】尝试画一组椭圆。

Ex_9_5. m

```
th=[0:pi/50:2*pi]';
a=[0.5:0.5:4.5];
th=[th;th(1);]
a = [a,a(1)];
X=cos(th)*a;
Y=sin(th)*sqrt(25-a.^2);
[m n]=size(X);
for i=1:n
    plot(X(:,i),Y(:,i))
    hold on
end
axis('equal')
xlabel('x')
ylabel('y')
title('A set of Ellipses')
```

绘制的结果如图 9-5 所示。

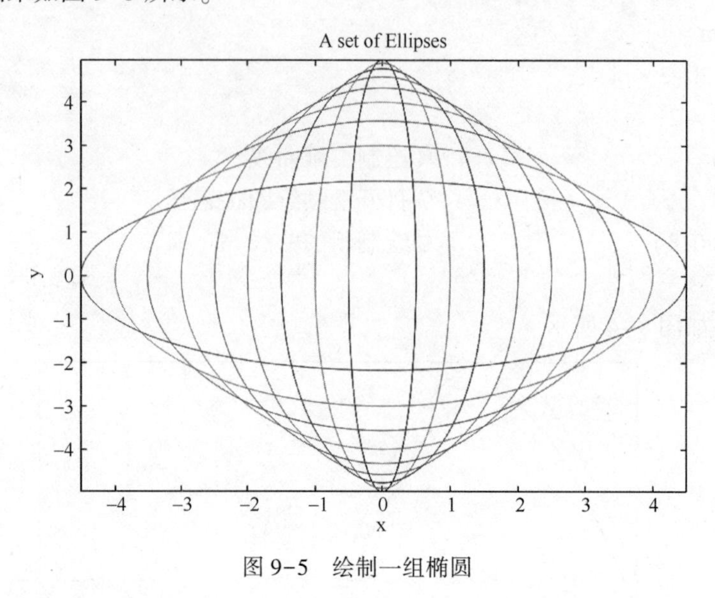

图 9-5 绘制一组椭圆

9.2.2 曲线的色彩、线型和数据点型

为了使曲线更加直观，同时在复杂图形中便于分辨各个系统的数据，在北太天元中，用户可以为曲线设置不同的颜色、线型和数据点型属性。

在北太天元中，关于曲线的线型和颜色参数的设置如表 9-2 所示。

表 9-2 曲线线型和颜色参数

线型符号	含义	色彩符号	含义
-	实线	b	蓝色
:	虚线	g	绿色
-.	点划线	r	红色
--	双划线	c	青色
		m	品红色
		y	黄色
		k	黑色
		w	白色

当 plot( ) 函数中没有设定线性和颜色时，北太天元将使用默认的设置画图。默认的设置为：曲线一律使用实线类型。

在北太天元中除了可以为**曲线设置颜色和线型外**，还可以为曲线中的数据点设置不同的数据点型。这样用户可以通过点型的设置，很方便地将不同的曲线分开。北太天元中**数据点型**的属性如表 9-3 所示。

表 9-3　数据点型的属性列表

符　号	含　义	符　号	含　义
.	点	d	菱形符
+	十字符	h	五角星符
*	八线符	o	空心圆圈
^	朝上三角符	p	五角星符
<	朝下三角符	s	方块符
>	朝上三角符	x	叉字符
v	朝下三角符		

【例 9-6】曲线的色彩、线型和数据点型使用示例。

绘制不同范围内的正弦函数，演示不同线型、色彩和数据点型的使用。

Ex_9_6. m

```
clear
t=0:pi/20:2 * pi;
plot(t,cos(t),'-b *')
hold on
plot(t,cos(t-pi/2),':m+')
plot(t,cos(t-pi),':bs')
hold off
```

以上代码运行的结果如图 9-6 所示。

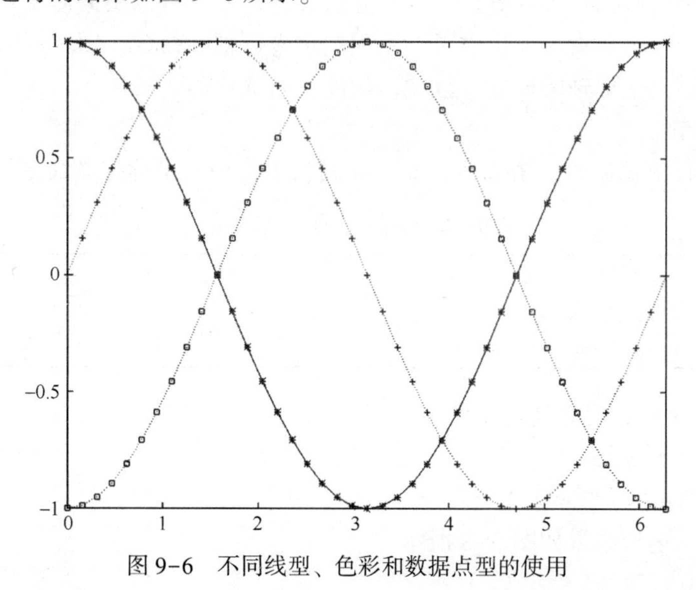

图 9-6　不同线型、色彩和数据点型的使用

另外还可以通过使用 plot(…,'PropertyName',PropertyValue,…)格式对曲线的属性进行设置：

```
plot(t,sin(2 * t),...
'LineWidth',2,...                %设置曲线粗细
```

```
'Color','k',...                    %设置图像绘制颜色
'Marker','*')                      %设置点型
```

运行的结果如图 9-7 所示。

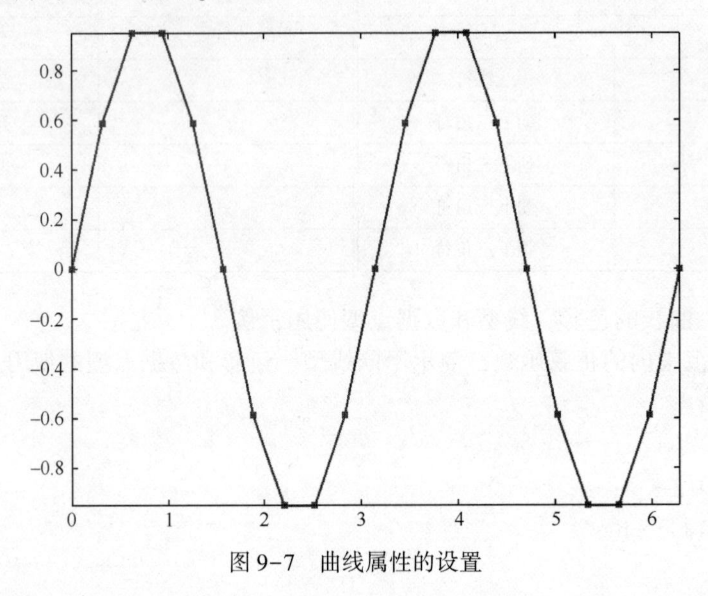

图 9-7 曲线属性的设置

9.2.3 坐标和刻度

图标的坐标轴对图表的显示效果有着明显的影响。尽管北太天元提供了坐标轴默认设置，但并不是所有的图形的默认设置都是最好的。用户可以根据需要和偏好来设置坐标轴的属性。为此，北太天元提供了一系列关于坐标轴的命令，用户可以根据情况选取合适的命令，调整坐标轴的取向、范围、刻度、高宽比等。

1. 坐标控制

坐标控制命令 axis 的用途很多，表 9-4 列出了常用的坐标控制命令。

表 9-4 常用的坐标控制命令

命令	含义	命令	含义
axis([xmin,xmax,ymin,ymax]) axis([xmin xmax ymin ymax zmin zmax cmin cmax])	人工设定坐标范围	axis square	正方形坐标系

【例 9-7】坐标轴设置使用示例。

```
>> x=0:.025:pi/2;
>> plot(x,tan(x),'-ro')
```

以上代码的运行结果如图 9-8 所示。

```
>> axis([0 pi/2 0 5])
```

以上代码运行的结果如图 9-9 所示。

2. 刻度

北太天元中有现成的高层指令用于设置**坐标刻度**，包含 xticks、yticks 和 zticks。

xticks(xs)：x 轴坐标刻度设置。

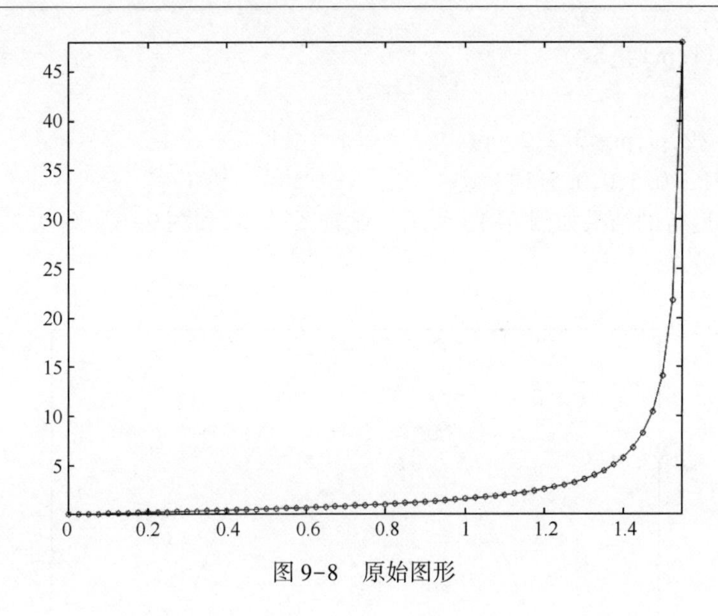

图 9-8　原始图形

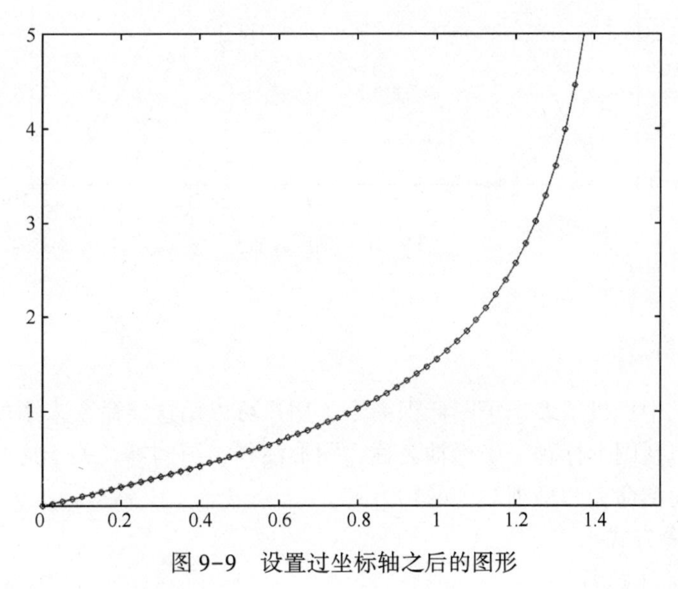

图 9-9　设置过坐标轴之后的图形

yticks(ys)：y 轴坐标刻度设置。

zticks(zs)：z 轴坐标刻度设置。

xs、ys、zs 可以是任何合法的**实数向量**，它们分别决定 x、y、z 轴的刻度。

【例 9-8】 在例 9-6 的基础上进行刻度设置示例。

Ex_9_8.m

```
clear
t=0:pi/20:2*pi;
plot(t,sin(t),'r*')
hold on
plot(t,sin(t-pi/2),'-mo')
```

```
plot(t,sin(t-pi),':bs')
hold off
xticks([pi/2,pi,pi*3/2,2*pi])
yticks([-1,-0.5,0,0.5,1])
```

以上代码运行的结果如图 9-10 所示。比较图 9-10 和图 9-6、图 9.7，可以看到刻度设置之后的效果。

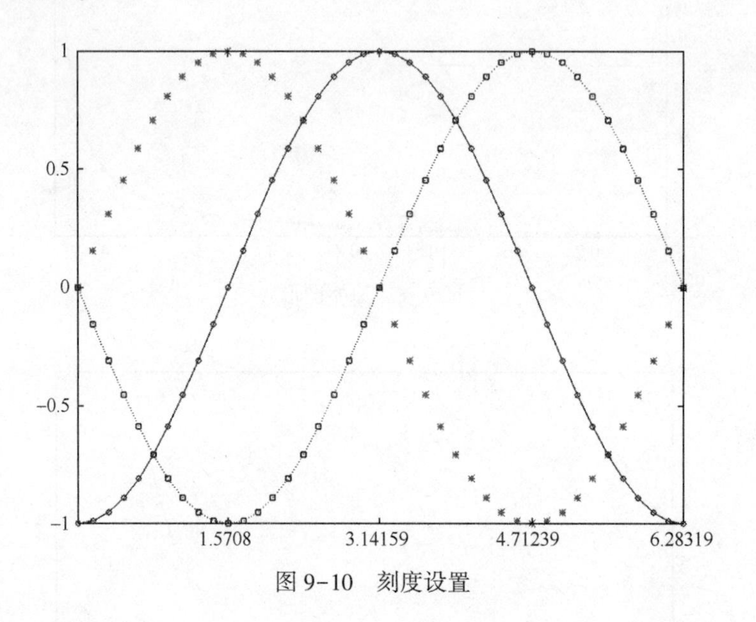

图 9-10　刻度设置

9.2.4　图形标识

在北太天元中提供了多个子图标识命令，用户可以用这些命令来添加图形标识。常见的图形标识包括图形标题、坐标轴名称、图形注释、图例等。关于这些图形标识，北太天元提供了简洁命令和精细命令两种方式。

1. 简洁命令方式

title(S)：标注题名。

xlabel(S)：横坐标名称。

ylabel(S)：纵坐标名称。

legend(S1,S2,…)：绘制曲线线形图例。

text(xt,yt,S)：在图(xt,yt)位置标注内容为 S 的注释。

2. 精细命令方式

北太天元中所有涉及图形字符串标识的命令（如 title、xlabel、ylabel、legend、text 等命令）都对字符串标识进行以下更精细的控制。

（1）允许对标识字体大小进行设置。要控制图形上的字符样式，必须在被控制字符前，先使用表 9-5 中的命令和取值。

表 9-5　字体样式设置

	命　令	取　值	举　例	
			示例命令	效　果
字体大小	Fontsize	正整数默认值为 10 磅	'Fontsize',16	

(2) 允许使用上下标。书写上下标的命令见表 9-6。

表 9-6　上下标命令

	命　令	arg 取值	举　例	
			示例命令	效　果
上标	^{arg}	任何合法字符	'E^{2}'	E^2
下标	_{arg}	任何合法字符	'X_{2}'	X_2

【例 9-9】 图形标识示例。

Ex_9_9. m

```
clear; clc
t=0:pi/50:2*pi;
y=sin(t);
plot(t,y);
text(1.6,0.9,'极大值','Fontsize',16)
```

以上代码运行的结果如图 9-11 所示。

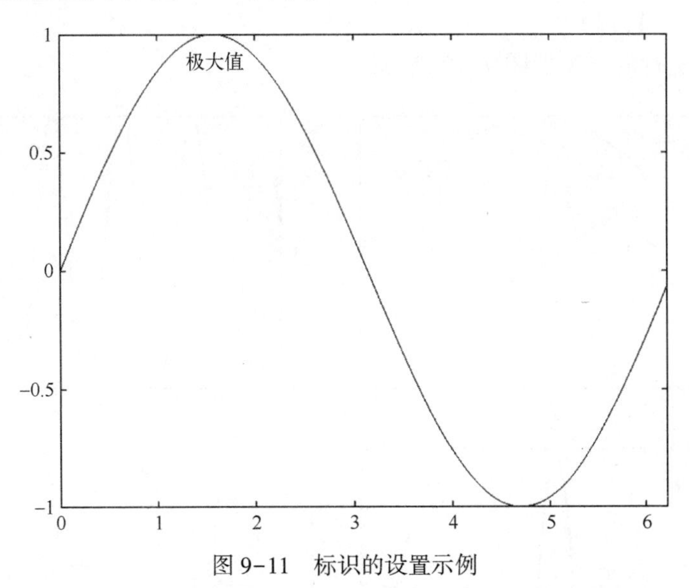

图 9-11　标识的设置示例

9.2.5　子图

本节介绍子图的绘制方法。另外前面已经有例子涉及了子图的绘制，读者应该有所了解，本节将介绍子图的绘制方法。

北太天元允许用户在同一图形窗口内布置几幅独立的子图，具体的调用语法如下：

subplot([m,n,P])：使 m×n 幅子图中的第 k 幅成为当前幅。子图的编号顺序是左上方为第 1 幅，向右下依次排序。

【例 9-10】subplot()函数调用示例 1。

Ex_9_10. m

```
clear;clc
t=(pi*(0:1000)/1000)';
y1=sin(t);
y2=sin(10*t);
y12=sin(t).*sin(10*t);
subplot([2,2,1])
plot(t,y1)
axis([0,pi,-1,1])
subplot([2,2,2])
plot(t,y2)
axis([0,pi,-1,1])
subplot([2,2,3])
plot(t,y12,'b-')
hold on
plot(t',[y1,-y1],':r')
axis([0,pi,-1,1])
```

以上代码运行的结果如图 9-12 所示。

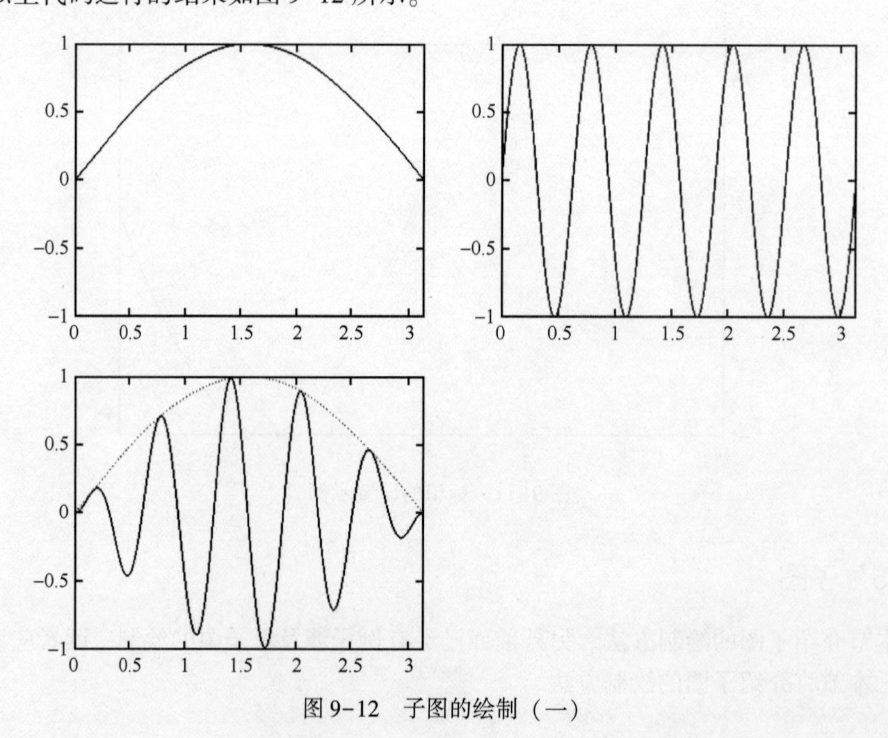

图 9-12　子图的绘制（一）

【例 9-11】subplot()函数调用示例 2。

Ex_9_11. m

```
clear;clc
for i=1:10
    subplot([10,1,i])                 %子图位置
    plot(sin(1:200) * 10^(i-1))       %绘制图形
    xticklabels([""])                 %设置坐标轴
    yticklabels([""])
end
```

以上代码运行的结果如图 9-13 所示。

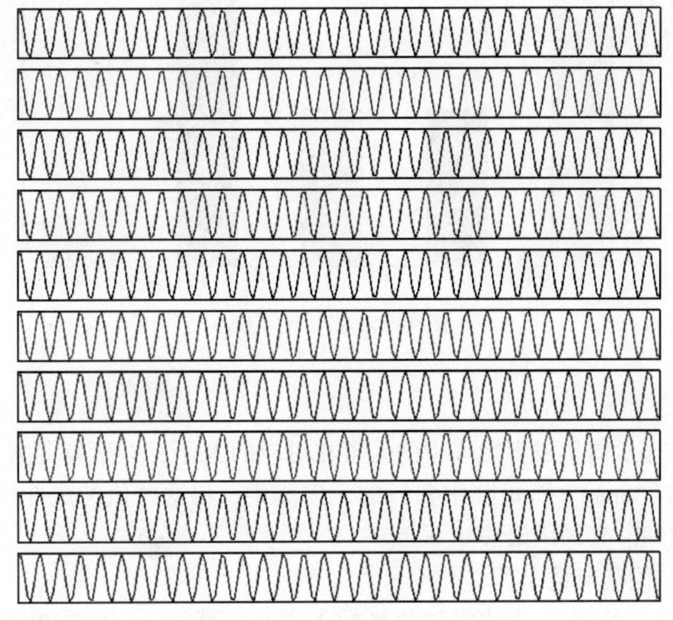

图 9-13　子图的绘制（二）

9.2.6　特殊二维图形

1. 条形图

在北太天元中使用函数 bar()绘制纵向二维条形图，默认情况下，用 bar()函数绘制的条形图将矩阵中的每个元素均表示为“条形”，横坐标为矩阵的行数，“条形”的高度表示元素值。其调用语法如下。

bar(X,Y)：X 是坐标，Y 是高度，条形的跨度是 X 坐标的最小间距。

bar(Y)：对 Y 绘制条形图。如果 Y 为矩阵，则 Y 的每一行聚集在一起。横坐标表示矩阵的行数，纵坐标表示矩阵元素值的大小。

【例 9-12】使用 bar()函数绘图示例。

Ex_9_12. m

```
clear;clc
Y=round(rand(5,1)*10);          %随机产生一个向量,每个元素为1~10的整数
bar(Y)                          %绘制纵向条形图
```

运行的结果如图 9-14 所示。

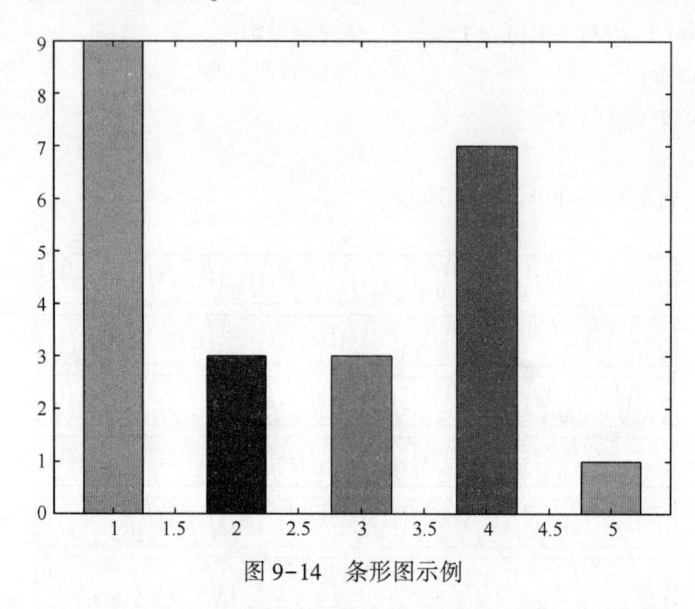

图 9-14　条形图示例

2. 区域图

区域图用于显示向量或者矩阵中的元素在对应的 X 下，在所有元素中所占的比例。默认情况下，函数 area( ) 将矩阵中各行的元素集中，将这些值绘成曲线，并填充曲线和 x 轴之间的空间。其调用语法如下。

- area(Y)：绘制向量 Y。
- area(X,Y)：绘制 Y 中的值对 X 坐标 X 的图。然后，该函数根据 Y 的形状填充曲线之间的区域：如果 Y 是向量，则该图包含一条曲线。area(X,Y) 填充该曲线和水平轴之间的区域。如果 Y 是矩阵，则该图对 Y 中的每列都包含一条曲线。area(X,Y) 填充这些曲线之间的区域并堆叠它们，从而显示在每个 X 坐标处每个行元素在总高度中的相对量。

【例 9-13】 area( ) 函数调用示例。

本例将 Y 中的数据绘制成为了区域图。每一列数据在绘制的时候都是在前一列的基础上累加的，即使下面一条折现绘制的是第 1 列的数据，而第 2 列与第 1 列的和是中间折现的数据源，依次类推。

Ex_9_13. m

```
Y=[1,5,3;
   3,2,7;
   1,5,3;
   2,6,1];
```

```
    x=1:4
area(x,Y)
title 'Stacked Area Plot'              %图名
```

运行的结果如图 9-15 所示。

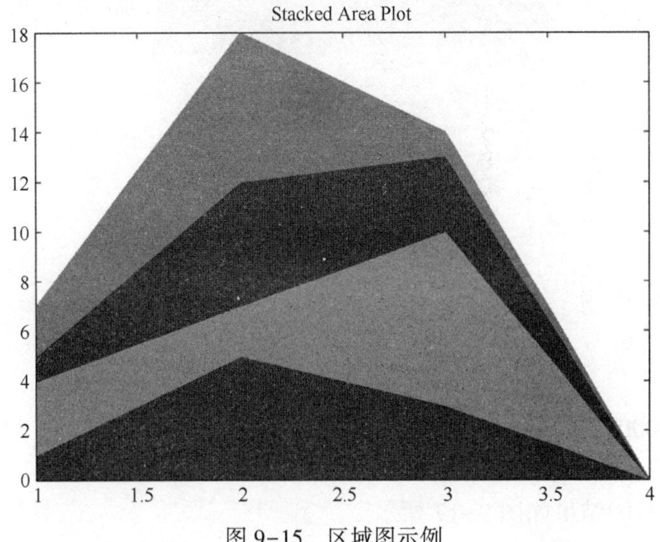

图 9-15　区域图示例

3. 饼形图

在统计学中，经常要使用饼形图来表示各个统计量占总量的份额，饼形图可以显示向量或矩阵中的元素占总体的百分比。在北太天元中可以使用 pie( ) 函数绘制二维饼形图，其调用语法如下。

pie(X)：使用 X 中的数据绘制饼图。饼图的每个扇区代表 X 中的一个元素。如果 sum(X)≤1，则 X 中的值直接指定饼图扇区的面积。如果 sum(X)<1，则 pie(X) 仅绘制部分饼图。如果 sum(X)>1，则 pie(X) 通过 X/sum(X) 对值进行归一化，以确定饼图的每个扇区的面积。

【例 9-14】 使用函数 pie( ) 绘制二维饼形图示例。

Ex_9_14. m

```
x=[1 7 4 2.5 2];
pie(x)
```

运行的结果如图 9-16 所示。

4. 直方图

直方图用于直观地显示数据的分布情况。在北太天元中提供了两个函数用于直方图的绘制：hist( ) 和 polarhistogram( )。hist( ) 函数主要用于直角坐标系直方图的绘制；polarhistogram( ) 函数主要用于极坐标系下直方图的绘制。下面主要介绍 hist( ) 函数的用法。hist( ) 函数的调用语法如下。

n=hist(Y)：绘制 Y 的直方图。

n=hist(Y,nbins)：指定分格的数目。

【例 9-15】 用 hist( ) 函数绘制直方图示例。

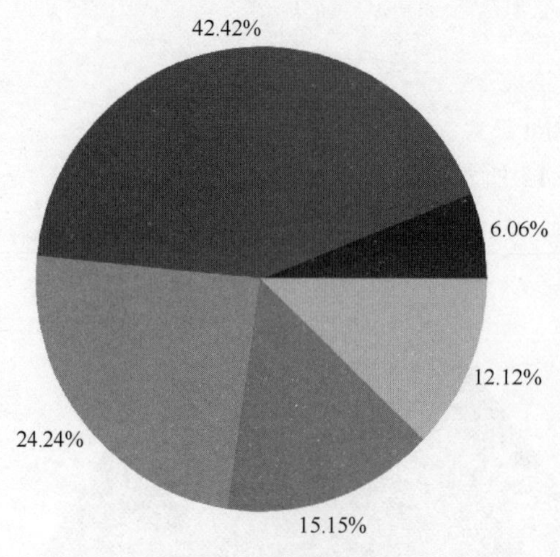

图 9-16 饼形图示例

Ex_9_15. m

```
y=randn(10000,1);
hist(y,60)
```

以上代码运行的结果如图 9-17 所示。

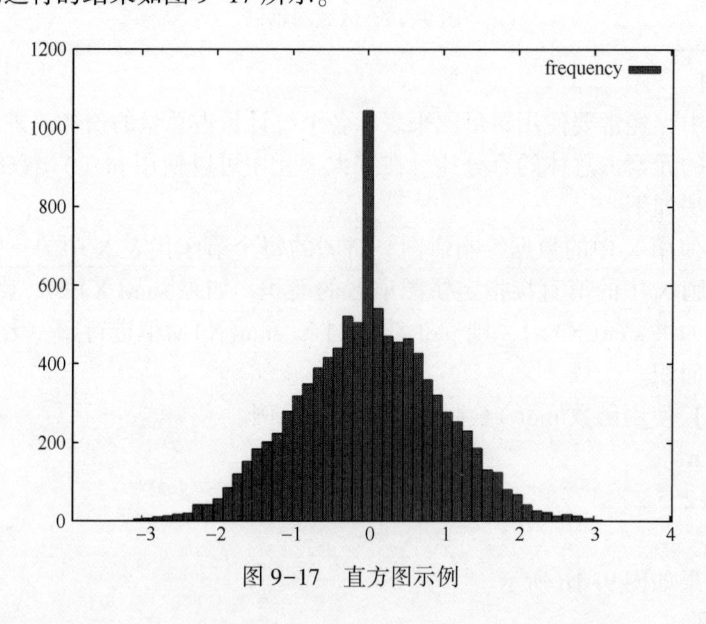

图 9-17 直方图示例

5. 离散型数据图

在北太天元中，可以使用函数 stem( )生成二维离散图形。stem( )函数调用语法如下：

stem(Y)：绘制 Y 的数据序列，图形起始于 X 轴，并在每个数据点处绘制一个小圆圈。

strm(X,Y)：按照指定的 X 绘制数据序列 Y。

【例 9-16】在区间(0,8)内使用 stem( )函数绘制离散图形。

Ex_9_16. m

```
t=linspace(0 * pi,8 * pi,50);        %创建 50 个位于 0 到 8 * pi 的等间隔的数
stem(t,cos(t));                      %绘制离散数据图
```

以上代码运行的结果如图 9-18 所示。

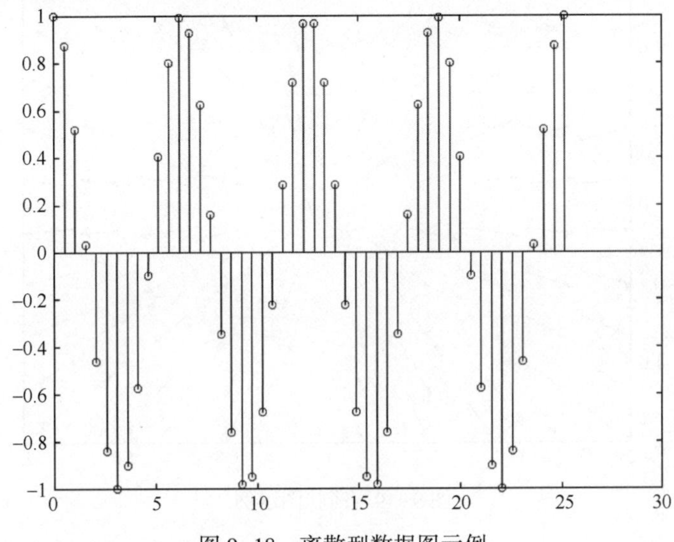

图 9-18　离散型数据图示例

6. 方向向量图和速度向量图

在北太天元中可以绘制方向向量图和速度向量图，用于绘制这两种向量图的函数如表 9-7 所示。

表 9-7　北太天元中用于绘制方向向量图和速度向量图函数

函　　数	功　能
quiver( )	二维向量图，绘制二维空间中指定点的方向向量

在上述函数中，向量由一个或两个参数指定，指定向量相对于原点的 x 分量和 y 分量。如果输入一个参数，则将参数视为复数，复数的实部为 x 分量，虚部为 y 分量；如果输入两个参数，则分别为向量的 x 分量和 y 分量。

quiver( )函数用来绘制箭状图或者速度向量图，其调用语法如下：

quiver(x,y,u,v)：绘制向量图，参数 x 和 y 用于指定向量的位置，u 和 v 用于指定要绘制的向量。

quiver(u,v)：绘制向量图，向量的位置为默认值。

【例 9-17】 绘制函数的箭状图。

梯度方向也就是速度方向，本例使用 quiver( )函数即可达到目的。

Ex_9_17. m

```
[x,y] = meshgrid(linspace(-2,2,10));
u = x;
v = y;
```

```
axis square
quiver(x,y,u,v)
```

以上代码运行的结果如图 9-19 所示。

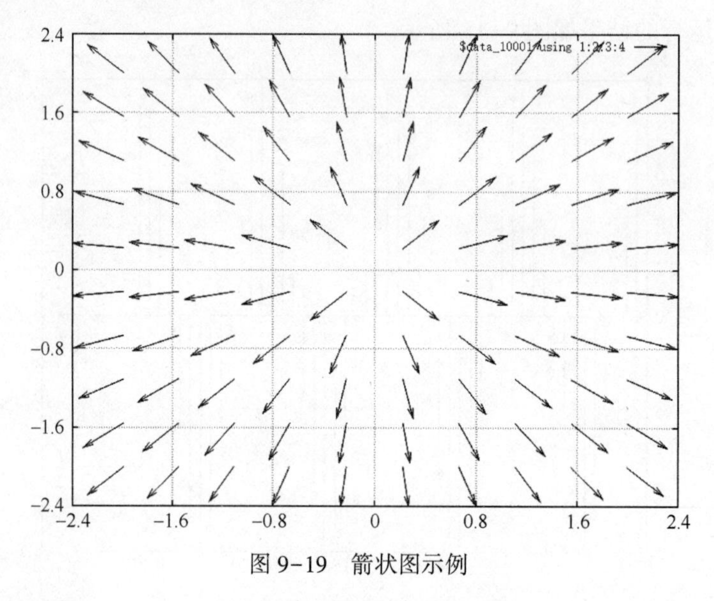

图 9-19　箭状图示例

7. 等高线的绘制

等高线用于创建、显示并标注由一个或多个矩阵确定的等值线。北太天元中提供有一些函数用于绘制等高线，如表 9-8 所示。

表 9-8　等高线绘制函数

函数名	功能	函数名	功能
contour( )	显示矩阵的二维等高线图	meshc( )	创建一个匹配有二维等高线图的网格图
contourf( )	显示矩阵的二维等高线图，并在各等高线之间用实体颜色填充	surfc( )	创建一个匹配有二维等高线图的曲面图

这里只介绍最常用的函数 contour( )，其他函数请读者自行查阅帮助文档。contour( ) 函数用于绘制二维等高线图，其调用语法如下。

contour(Z)：绘制矩阵 Z 的等高线，绘制时将 Z 在 x-y 平面的插值，等高线数量和数值由系统根据 Z 自动确定。

contour(X,Y,Z)：绘制矩阵 Z 的等高线，坐标值由矩阵 X 和 Y 指定，矩阵 X、Y、Z 的维数必须相同。

contour(X,Y,Z,"ShowText","on")：绘制矩阵 Z 的等高线，坐标值由矩阵 X 和 Y 指定三维图形，通过 ShowText 后的参数为"on"或者"off"，设置图像是否显示标注。

【例 9-18】绘制带标注的等高线。

Ex_9_18. m

```
[x,y]=meshgrid(-2:0.1:2);
z =2*x.^2+3*y.^2
```

```
contour(x,y,z,"ShowText","on")
```

以上代码运行的结果如图 9-20 所示。

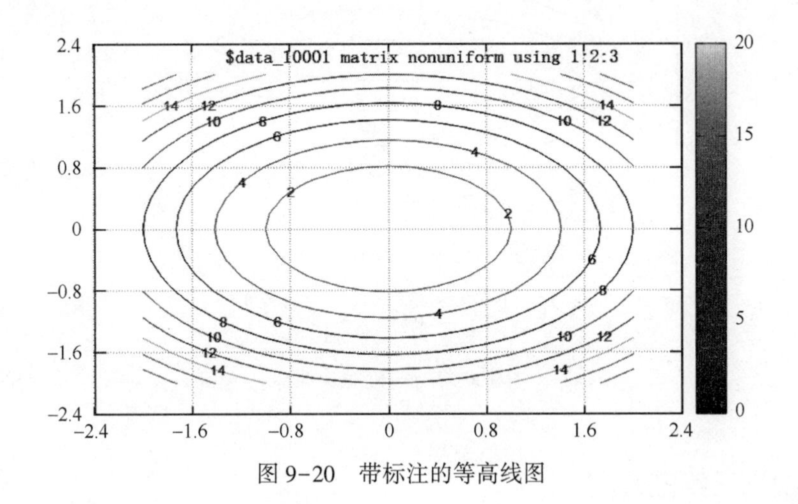

图 9-20　带标注的等高线图

9.3　三维图形

除了绘制二维图形，北太天元还提供了一系列的三维图形绘制函数，本节将对这些函数进行详细说明。

9.3.1　绘制三维曲线图

在北太天元中，plot3( )函数用于绘制三维曲线图。该函数的用法和 plot( )函数类似，其调用语法如下。

plot3(X,Y,Z)：绘制三维空间中的坐标。要绘制由线段连接的一组坐标，应将 X、Y、Z 指定为相同长度的向量。要在同一组坐标轴上绘制多组坐标，至少将 X、Y 或 Z 中的一个指定为矩阵，其他指定为向量。

plot3(X,Y,Z,LineSpec)：使用指定的线型、标记和颜色创建绘图。

plot3(X1,Y1,Z1,...,Xn,Yn,Zn)：在同一组坐标轴上绘制多组坐标。使用此语法作为将多组坐标指定为矩阵的替代方法。

plot3(X1,Y1,Z1,LineSpec1,...,Xn,Yn,Zn,LineSpecn)：可为每个 XYZ 三元组指定特定的线型、标记和颜色。可以对某些三元组指定 LineSpec，而对其他三元组省略它。

plot3(...,Name,Value)：使用一个或多个名称值对组参数指定 Line 属性。

【例 9-19】绘制三维螺旋线。

Ex_9_19. m

```
t=0:pi/50:10*pi;
plot3(sin(t),cos(t),t);
axis square;
```

以上代码运行的结果如图 9-21 所示。

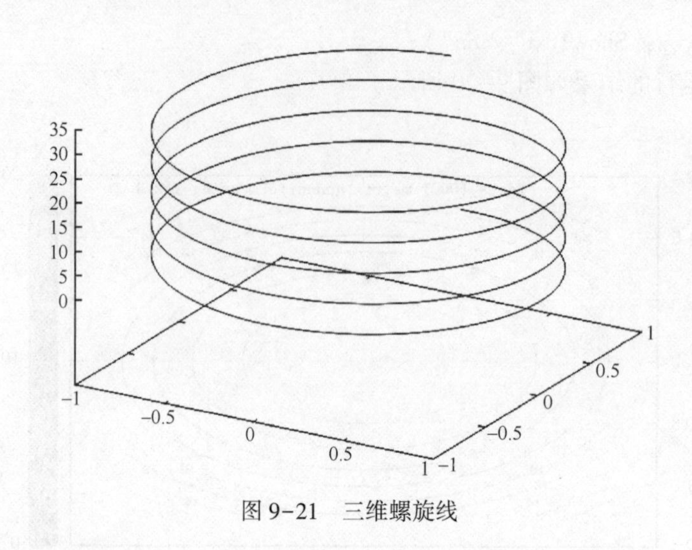

图 9-21　三维螺旋线

9.3.2　绘制三维曲面图

在北太天元中，除了 plot3( ) 函数可用于绘制三维图形外，还有一些函数可以用来绘制三维网格图和曲面图。下面分别介绍这些函数。

1. 三维网格图

mesh( ) 函数用于绘制三维网格图，其调用语法如下。

mesh(X,Y,Z)：创建一个网格图，该网格图为三维曲面，有实色边颜色，无面颜色。该函数将矩阵 Z 中的值绘制为由 X 和 Y 定义的 x-y 平面中的网格上方的高度。边颜色因 Z 指定的高度而异。

mesh(Z)：创建一个网格图，并将 Z 中元素的列索引和行索引用作 x 坐标和 y 坐标。

mesh(Z,C)：进一步指定边的颜色。

mesh(___,C)：进一步指定边的颜色。

mesh(ax,___)：将图形绘制到 ax 指定的坐标区中，而不是当前坐标区中。指定坐标区作为第一个输入参数。

mesh(___,Name,Value)：使用一个或多个名称-值对组参数指定曲面属性。例如，'FaceAlpha',0.5 创建半透明网格图。

【例 9-20】 绘制函数 $z=2x^2+3y^2$ 的网格图。

Ex_9_20. m

```
x=-2:0.2:2;
y=2*x;
[X,Y]=meshgrid(x,y);
Z=2*X.^2+3*Y.^2;
mesh(X,Y,Z)
```

以上代码运行的结果如图 9-22 所示。

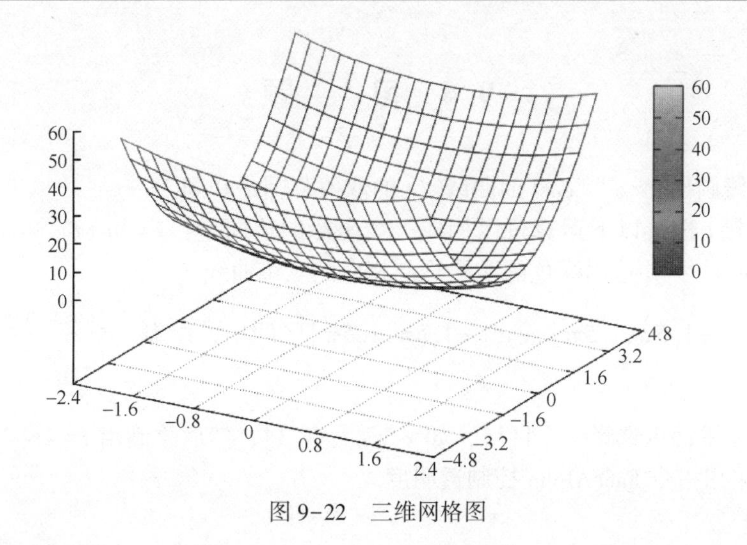

图 9-22　三维网格图

2. 三维曲面图

函数 surf( )用来绘制三维表面图形，其调用语法如下。

surf(X,Y,Z)创建一个三维曲面图，它是一个具有实色边和实色面的三维曲面。该函数将矩阵 Z 中的值绘制为由 X 和 Y 定义的 x-y 平面中的网格上方的高度。曲面的颜色根据 Z 指定的高度而变化。

surf(Z)创建一个曲面图，并将 Z 中元素的列索引和行索引用作 x 坐标和 y 坐标。

【**例 9-21**】绘制三维表面图。

Ex_9_21. m

```
[X,Y] = meshgrid(1:0.1:10,1:10);
Z = cos(X) + sin(Y);
surf(X,Y,Z)
```

以上代码运行的结果如图 9-23 所示。

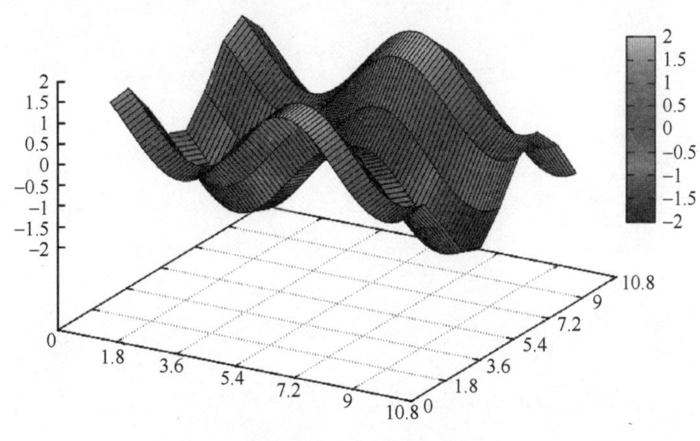

图 9-23　三维表面图

9.4 习　　题

1. 用红线画出 $y=e^{-0.5t}\cos t$ 的曲线（t 的取值范围是 0 到 2π）。

2. 对向量 t 进行以下运算可以构成三个坐标的值向量：$x=\sin(t)$，$y=\cos(t)$，$z=t$. 利用函数 plot3( )，并选用绿色的实线绘制相应的三维曲线。

3. 在 $x\in[-1.5\pi,1.5\pi]$，$y\in[-1.5\pi,1.5\pi]$ 区间内，绘制 $z=\frac{\cos x\cos y}{y}$ 的完整光滑曲面。

4. 在 x,y 平面内选择一个区域，如 $x,y\in[-3,3]$，然后绘制出 $z=4xe^{-x^2-y^2}$ 的三维网面图形，并采用指令 FaceAlpha 控制透明度。